从零开始做娃衣

娃衣 制作指南

NIGO依诺 / 著

专业娃衣制作讲师，25个制作案例

人民邮电出版社

北京

图书在版编目（CIP）数据

从零开始做娃衣 ： 娃衣制作指南 / NIGO 依诺著.
北京 ： 人民邮电出版社，2025. -- ISBN 978-7-115
-66345-0

Ⅰ. TS958.6

中国国家版本馆 CIP 数据核字第 20252YC356 号

内 容 提 要

这是一本讲解娃衣制作的教程书。

全书共4章。第1章介绍了BJD娃衣缝纫的基础知识，包括BJD的类型、尺寸，娃衣制作常用的材料和工具等，带领读者做好娃衣制作的前期准备工作。第2章讲解了娃衣缝纫的基础技法，包括缝纫机车缝技法和常用的手缝技法，缝纫零基础的读者可以认真学习这部分内容，以便熟悉缝纫机的各种操作和各种手工缝纫技法。第3章通过四种不同风格的娃衣制作过程图文，详细讲解了娃衣制作的要点及注意事项。第4章通过围兜、假领、挎包、领巾等配饰制作过程图文，讲解了各种配饰的制作要点和注意事项。

全书案例可爱、精美，图片清晰，案例样衣配有电子纸样，步骤讲解翔实，可以帮助读者快速上手，为自己的娃娃制作可爱、美丽的娃衣。

◆ 著　　　　　NIGO 依诺
　　责任编辑　　魏夏莹
　　责任印制　　周昇亮

◆ 人民邮电出版社出版发行　　北京市丰台区成寿寺路 11 号
　　邮编　100164　　电子邮件　315@ptpress.com.cn
　　网址　https://www.ptpress.com.cn
　　北京九天鸿程印刷有限责任公司印刷

◆ 开本：787×1092　1/16
　　印张：12　　　　　　　　　　　2025 年 4 月第 1 版
　　字数：307 千字　　　　　　　　2025 年 4 月北京第 1 次印刷

定价：79.80 元

读者服务热线：(010)81055296　印装质量热线：(010)81055316
反盗版热线：(010)81055315

此书献给我的女儿暖暖。

——NIGO依诺

感谢我的小伙伴张文秀、迷途猫猫、司小双对本书内容及拍摄的大力支持。
本书中所有娃衣穿着图的拍摄，出自我的好朋友——摄影师张继。

感谢友情提供各种娃体、相关配件的厂商及个人，包含但不限于以下厂商及个人。

Puyoodoll

Rosenlied

Comibaby

Guard Love

少女鱼工作室

Qbaby

DollVillage

蓝月的娃娃屋

喵声喵气的喵小软 malina（部分娃妆面）

Choo二（部分娃妆面）

尘夜 Aria（部分娃卡通眼珠）

Salafina（部分娃假发）

D仔的矮人国（部分娃鞋）

序
▼

　　刚开始想写娃衣书的时候，我并没有想要写这么长篇幅的序。当时的印象中，娃衣书只是教程书、工具书而已，没有太多需要用文字表达的地方。

　　这几年的成长让我开始思考做娃衣对我们而言到底意味着什么。只是想自己给娃娃做衣服？只是一个兴趣爱好？也许我们还能发掘更多。

　　"养娃娃"、做娃衣，承载了很多我们内心的东西。比如一个属于自己的，可以随时躲进去的小世界；比如一个可以让自己沉浸其中，进入心流状态的创作过程；比如结识一群跟自己很相似的，在同一个小小的世界里互相扶持的娃友。

　　做娃衣这件事，我已经坚持了很多年。而它带给我什么呢？这是我想要表达的，也是我想要写在序里的，更是对我十几年娃衣生涯的一种梳理。

我的娃衣之路

我擅长手工的基因，应该遗传于我的妈妈。

从几个月大开始，整个童年，印象中我曾经拥有过很多很多毛衣，这些毛衣都是妈妈亲手织的。

妈妈说，那时候外面卖的衣服款式很少，她就自己按照书上的样式来织，织出自己想要的款式。

所以我小时候的毛衣有各种各样新奇的款式，从套头衫到各种时髦的毛衣外套，还有连衣裙，妈妈都能用毛线织出来。她还学了各式钩针和绣花技艺，在衣服上做出各种好看的点缀。

这应该就是我对"手工"的最初认知。

小时候的第一只玩偶是妈妈用旧衣服缝的一只小熊。虽然简陋，我却一直爱不释手，玩了很多年。至今我仍依稀记得那只小熊的样子，只是很遗憾现在已经找不到了。

后来家里条件好一些了，我也陆续拥有了一些从商店买来的玩偶。那时我就会把穿不了的旧衣服剪来做成娃娃的衣服。那时候并不懂服装结构，也不懂缝纫技巧，单纯就是用旧布料和针线，按照自己的理解给娃娃做衣服。

妈妈那时候看我天天抱着娃娃，跟我说："有一天你长大，就不喜欢娃娃了。"

我说："我长大了也会一直喜欢下去。"

一语成谶。

我以理科生的身份考入了东华大学，其实是因为一直觊觎东华大学的服装设计专业。在大学期间，我特意选修了几门服装类的课程，当时还没有料想到毕业后我真的会放弃理工科的工作，变成"手艺人"。一切都源于单纯的喜欢。

不记得是大三还是大四期间，我的一个室友收到了一个从韩国寄过来的娃娃，那是我第一次见到 BJD（Ball-jointed Doll），那是一只四分的 BJD，那极其精致的脸庞瞬间吸引了我，也是从那时候开始，我第一次知道了 BJD 的存在。这些极其精致、可爱的娃娃，让我找到了心灵的归宿，从那一刻起，我被吸引进了这个独特的圈子，开启了一段令人难忘的旅程。

其实越长大越能体会到生活的不易。然而，何其有幸，我有一个爱好。对娃娃的热爱，让我可以躲进我的小世界里，通过做娃衣进入心流状态，安放自己小小的灵魂。就这样，这个热爱让我跨越了生活中的困难和变故，让我一路坚持到了现在，我做娃衣贩售，也超过了 10 年。

2019 年，我尝试开办了第一次娃衣线下训练营。这次尝试，让与社会略有脱节的我，终于遇见了一群天使学员。无比感恩于第一届学员无条件信任我，给了我最大的支持。

2020 年至今，我们开发了百件娃衣、百变娃衣、西洋服等专业系统线上训练营；NIGO 开始真正有了越来越专业的线上团队。我们的训练营一直在开办，口碑也越来越好。

一路走来，与娃娃相伴的日子已经将近 30 年，而在 BJD 娃圈的日子，也已经差不多 15 年了。我一直在想，这么久以来，"养娃娃"、做娃衣这件事对我来说意味着什么……

为什么要写这本书

"养娃娃"这件事，可能会是我终身的热爱。无论我是否还在娃圈，是否还开训练营，也无论我到了什么年纪，我想我都会依然喜欢娃娃，喜欢给他们做衣服。

在"养娃娃"的道路上，我不仅发现了一群志同道合的娃友，更结识了一群热爱创作和分享的小伙伴。我们在线上，有时也会在线下聚集在一起，分享自己的作品、技巧和经验。这种互相学习、共同进步的氛围，让我感受到一份前所未有的温暖和归属感。无论是在创作过程中遇到挑战，还是在生活中遇到困惑，娃友们总是互相支持，成为彼此生活中不可或缺的一部分。

我发现，这份热爱，让有"社恐"属性的我找到了灵魂安放之处。娃友们因为娃娃而认识，没想到除了热爱娃娃以外，我们还有非常多的相同之处。我们大多不热衷于身处人群中，而是喜欢自己的小世界，喜爱美好的事物，也都向往轻松自在的生活。

在娃衣的世界里，我们仿佛找到了归宿，也发现了无限的可能，我们在探寻一种内心自由的生活方式。或许是因为在娃衣创作的时光中，我找回了自己，这份美好的体验，我深感不应仅属于我个人，而是应该像温暖的涟漪，传递给更多的人们。

这本书不仅仅是一本娃衣教程书，更是一个寄托了无限关爱和分享精神的载体。我曾从娃衣的世界中获得救赎，我想将自己的经验和感受传达给那些寻找灵感和支撑的人们，让每一个拥有梦想的心灵，都能从这本书中找到一份坚定的前行动力。

我相信，每个人都可以在创作中找到一份宝贵的情感价值，找到自己的力量和方向；我也相信，每个人都可以在创作中发掘属于自己的珍贵宝藏。

这篇序不仅是我个人的感言，我更希望通过自己的经历为他人带去一份希望的礼物。我希望在这本书里，每个人都能找到一份温暖的陪伴，每一个拥有梦想的心灵，都能从中汲取勇气。

这本书是我想要献给大家的礼物，我期待用自己的经历，点燃更多人心中的希望之火。让我们共同用创作的力量，去体会这个世界的美好。

NIGO 依诺

目录

序章 ▼

做娃衣前你需要知道的事

一、该怎么学做娃衣

1.娃衣和真人衣服的不同之处

很多人问我："NIGO老师，学过的服装裁剪/服装设计方法，可以用在娃衣上吗？"也有人跟我说："NIGO老师，我看了好多书，好多教程，自己摸索了好几年，但还是没办法做出自己的设计，这是为什么呢？"

这些提问的娃衣爱好者中，不乏学习了各种服装知识，试图转到娃衣制作的人；也不乏自学了很多教程，摸爬滚打很多年，却依然不得要领的人。他们在学习制作娃衣这件事情上花了很多时间，走了很多弯路。

在做娃衣的十几年中，我一直在学习和研究各种娃衣制作方法，坚持不懈地探索和学习，包括从各种相关书籍中学习，请教国内外一些服装设计师、老师和专家等。

其实，过去一些年与近两年的情景截然不同。过去娃圈的环境相对封闭，娃衣制作者也很少，市面上几乎找不到娃衣制作的教程或书籍。大多时候，我只能从真人服装工艺中寻找灵感，试图将其应用在娃衣上。

然而，尺寸的巨大差异及娃衣的特殊性，导致很多真人服装的工艺在娃衣制作中难以实施，而且真人服装的学习系统里有很大部分的内容是娃衣里面几乎用不到的。因此，我逐渐认识到，做娃衣，不用特别拘泥于服装知识的系统性。创作娃衣不仅需要自身独特的设计和工艺，更需要用一种娃衣的视角来思考和创作。

我常常将真人服装的教程和娃衣对照，反复实验和尝试，从实践中不断探索和调整，一步步摸索出适合娃衣的工艺流程和创作方法，慢慢总结出娃衣制作的独特技巧。正是这种不断的试错和实验，让我不断靠近娃衣的本质，也让我更加深刻地理解了娃衣制作的精髓。在这个过程中，我学会了从娃衣的视角出发，以娃娃的尺寸和特点为基础，去创造更加完美的娃衣作品。

我发现，从娃衣的视角出发，是一种更加直接、更加深入的学习方式。这是一条更高效的路径，让我们能够更好地理解娃衣制作的本质，创作出更加精美的作品。

如果你是一个新手，那就从掌握缝纫机的使用方法开始，从磨炼缝纫基础技能开始。可以先练习基础的车缝，慢慢熟悉自己的缝纫机。缝纫机是我们做娃衣道路上的朋友，与它熟悉和对话，培养与它的默契，会为后续的学习清除很多障碍。本书的第 2 章专门介绍了缝纫基础技法，大家可以先学起来，对照着多多练习。

如果已经有一定的缝纫基础，并对自己的缝纫机比较熟悉，就可以开始尝试制作书里的娃衣作品了。

2.新手不要着急系统学制版

很多同学困惑和纠结于零基础是否需要系统地学习制版知识。以我的经验看来，直接制作娃衣成品是迅速熟悉娃衣结构、练习和提升娃衣制作工艺的最佳途径。零基础的新手一上来就从枯燥的平面制版开始学习，效果会大打折扣。

所以我更建议新手直接从制作成品入手，在开始的阶段将复杂的制版方式简化，甚至就像本书一样，先从现有的纸样起步学习制作娃衣，待你对不同的基础款娃衣成衣的结构有了概念，对常见的娃衣工艺有了了解后，再去精进制版技能，这样可能会更有成就感、更容易坚持、更有效率。

这就好比小朋友学画画。想要让零基础的小朋友长时间把画画当成爱好，并愿意不断练习钻研，最后真正擅长画画，一定是让他直接画起来，要先对画画有概念。无论用什么样的方式，先画再说。这时候不管他们画出什么样的"作品"，都是"极好"的"作品"，都是他们持续成长的动力，都是让他们长期坚持这个兴趣爱好的秘诀。如果一上来就要求他们从素描开始，画各种几何体，各种规范用笔、规范线条、规范画法，大概率很难坚持下去。

本书正是基于这一理念，将教学内容安排得更侧重于实际制作过程，让大家可以通过实践操作，真实感受每一个环节的精妙和挑战。

在学习娃衣制作时，理论知识固然重要，但实践经验才是真正的财富。"在实践中学习"是新手学习制作娃衣的重要理念之一。制作娃衣是一项需要技巧和经验的手工艺活动，而这些技巧和经验只能通过实际操作和实践来获得。

通过亲手制作一件件娃衣成品，可以在实践中亲身体验到材料的选择、剪裁、缝制等各个环节，了解每一种面料的特点、每一个剪裁的技巧，以及每一个缝线的要领，从而更深入地理解和掌握制作技巧。这种亲身实践，让你能够更加敏锐地把握娃衣的结构和细节，不断积累实际操作的技巧。

此外，实践中学习还能够让新手发现自己的不足之处，进而有针对性地进行改进和提升。因此，强调"先完成再完美"的观点，可以鼓励新手大胆地尝试和实践，在实践中不断积累经验，提高自己的制作水平。

只有在实际制作中，你才能真正感受到每一步工艺的重要性。每一次尝试都是一次锻炼，每一个成品都是一次积累。通过制作成品，你可以逐渐掌握娃衣的工艺要领，培养对不同面料的驾驭能力及应对不同设计挑战的自信心。

因此，NIGO 的教学方式一直强调实践，每一个教学环节都会将你直接引入到制作的过程中。我们会从最基础的款式开始，逐步引导你完成各种风格的娃衣。无论你是初学者还是有一定基础，这种"学做中学"的方式都能让你更加深入地理解娃衣制作的本质，让你能够在实践中不断精进，不断成长。

3.先完成再完美

我们最常对学员说的一句话就是：先完成再完美。

制作娃衣需要具备整体的观念，包括对衣服的轮廓、线条、比例及布料的选择和运用等方面要有全面的理解和把握。对于新手来说，他们往往缺乏这种整体观念，容易过于关注细节而忽略了整体效果。因此，强调"先完成再完美"的观点，主要是为了让新手在学习过程中先从整体上把握和理解娃衣的制作，培养一种全局的观念。

通过一次又一次地直接完成整个作品，零基础的新手可以更好地理解各个部分之间的相互关系和影响，从而在实践中逐渐培养出对整体的敏锐感知和把控能力。这样的学习方式不仅有助于新手快速入门，也有利于制作技巧的不断提升。

新手往往在制作技巧和材料选择等方面缺乏经验，容易在制作过程中遇到各种问题和困难。如果过于纠结细节或追求完美，可能会导致学习进度缓慢，甚至失去学习的兴趣和动力。因此，强调"先完成再完美"，可以让新手在学习过程中保持积极的心态，不过于纠结细节问题，而是专注于完成整个作品。这样的学习方式可以避免新手在制作过程中陷入困境，提高学习效率，同时也能够更好地享受制作娃衣的乐趣。

对于新手而言，增强自信心是非常关键的。当我们先完成一个作品，无论细节如何，都能够感受到一种成就感和自我满足感，这种成功的体验会对我们的自信心产生积极的影响。自信心的提升会让零基础的新手更加愿意尝试和挑战更高难度的制作，从而不断促进自身的技能进步。

同时，这样的自信心也有助于新手在面对困难和挫折时保持积极的心态，不放弃学习，坚持下去。因此，NIGO 一直强调"先完成再完美"的观点。这可以让我们在学习过程中逐步积累成功的经验，从而增强自信心，为未来的学习和制作奠定坚实的基础。

4.热爱可抵岁月漫长

学习制作 BJD 的衣服，很重要的一点是要保持热爱的心态。热爱是一种强大的动力，可以让人在漫长的学习过程中保持耐心和专注，不断追求进步。

对于新手来说，学习娃衣制作可能会遇到各种困难和挑战，如果有热爱的心态，就更容易坚持下去，更有不断克服困难的动力，进而提升自己的技能。同时，热爱也能激发人的创造力和想象力，让新手在制作娃衣的过程中发挥出更多的潜力和创意。

学习制作娃衣，实际上是一段需要耐心的、相对漫长的过程。这并非一蹴而就的事情，而是需要不断地练习和磨炼，能抵得住这漫长岁月的是一份深深的"热爱"，只有热爱，才能让我们在岁月的长河中坚持不懈。

这份热爱，是一股源源不断的动力，让我们在创作的道路上时刻充满活力；这份热爱，会让我们对每一个细节都怀着敬畏之情，会让我们不断追求更高的创作水平；这份热爱，宛如一盏明灯，引领着我们在娃衣的世界中航行，让我们充满希望和动力。

热爱是一种力量，是我们坚持不懈的动力，也是我们在娃衣制作的旅途中最美丽的陪伴。

5.找到志同道合的小伙伴

在这个过程中，我们难免会遭遇各种困难和挑战。我的建议是，找到一群同好的小伙伴。与同好一同学习，你将不再孤单，你们可以一起分享经验，一起攻克难关。无论是遇到卡点，还是技术上的疑惑，你都能够在小伙伴们的鼓励和帮助下，找到解决的方法，让学习变得更加轻松愉快。

一个人可以走得很快，一群人却可以走得更远。

或许，你可以把这本书推荐给身边的娃友，跟你一起学习和练习如何制作娃衣。希望这一路，一直有人相伴。

二、如何使用本书

首先恭喜你，已经拥有了一只或几只 BJD。

本书教学的娃衣尺寸是四分和六分 BJD 的尺寸，请注意尺寸属性。如果相应尺寸的 BJD 在你手边，你就可以边缝制边核对尺寸和合身程度。当然，也欢迎没有相应尺寸娃娃的你，因为本书而拥有你的四分或六分的 BJD。

本书的每一套娃衣，我们都做了好几种不同的配色并搭配了不同的佩饰，你可以完全按照书中的实例来准备材料，也可以发挥你的创意重新搭配。

虽然手缝也可以做娃衣，但还是推荐使用缝纫机，本书的第 2 章专门讲解了基础的缝纫知识，对于缝纫机还不熟悉的读者可以先从这部分学习和练习起来。能用机器来提高效率的事情就尽量用机器，以便将更多的时间和精力放到做娃衣的其他环节。当然，你可以根据自己的需求选择不同的缝纫机。如果暂时没有锁边机，书中所有介绍锁边的步骤，都可以利用缝纫机的锁边线迹来代替。其他工具请参考书中的介绍，按需购买。

如果对于缝纫完全零基础，对于各种术语并没有概念，那么请按照本书的顺序先阅读基础部分，练习并熟悉了缝纫机后，再开始学习做娃衣。书中教学的娃衣款式，每一套都包含了多个娃衣制作工艺，虽然书中实例不是完全按照从易到难的顺序排列，但还是建议大家从第一套开始，逐步制作。

书中第一套娃衣就使用了针织面料，如果你的缝纫基础还不够扎实，也可以用机织面料来制作，等到能够熟练操作缝纫机后再用针织面料制作。只要认真练习，到后面你会为自己的进步而惊喜的。

如果已有一些缝纫基础，那么既可以按顺序从头到尾阅读并制作，也可以通过目录找到你需要查漏补缺的缝纫知识来有针对性地学习，再从任意一套娃衣开始制作。你可以先观察娃衣的款式及书中展示的搭配，然后改用不同的布料或色系，并且在装饰细节上稍做修改，这样就能做出不一样感觉的娃衣。

如果你已经有做娃衣的经验，则可以把本书当作一本工具书，利用本书教学的娃衣款式和提供的纸样进行二次创作，按照你的设计对纸样进行修改，例如修改衣服、裙子或裤子的长度，修改领子、袖子的形状，修改局部宽度与抽皱量等，从而制作出一套套只属于你的 BJD 个性娃衣。

那么，现在就开始娃衣制作之旅吧！

第 1 章

BJD 娃衣缝纫基础知识

Puyoodoll Kumako（四分熊妹）

BJD 简介

　　BJD 是 Ball-jointed Doll 的缩写，意思是"球形关节人偶"或"球形关节人形"，是一种精致且可动的人形玩偶，其身体多个部位装有球形关节，并以弹力皮筋串连，使得它们能够摆出许多接近真人的姿势。

　　BJD 有着无尽的创意空间，玩家可以给 BJD 化上不同的妆容、更换不同的头发和眼珠、穿上各种服装，根据自己的想象和创造，让娃娃独一无二。

　　大多数 BJD 在刚买回家时都是"裸娃"，没有头发、眼珠和妆容，也没有衣服，这些需要玩家根据自己的设想进行装扮和搭配，让娃娃逐渐变得漂亮。这个过程像养小孩一样，慢慢把娃娃打扮起来的过程就被爱称为"养娃"。而亲自动手给 BJD 做娃衣，就是"养娃"的一大乐趣。

不同尺寸和风格的 BJD

常见尺寸

　　BJD 的常见尺寸有三分、四分、六分、八分、十二分等。这些尺寸是以 180cm 的标准人体身高为参考，按比例缩小而划定的。例如，三分 BJD 身高在 63cm 左右，一般设定为成熟知性的风格；四分 BJD 身高在 45cm 左右，通常是少年少女的风格；六分 BJD 身高在 27cm 左右，大多数是可爱的小朋友。此外还有更高大的 70cm 以上的大娃，常被称为"叔"；以及 20cm 以下的八分、十二分迷你 BJD，手掌般大小，玲珑可爱。

　　当然，本书实例均以娃圈常使用的尺寸分类为参考，同一尺寸类别中还会有更细致的身高及体型区别，具体要以娃社出品为准。

前排：六分 BJD
后排：四分 BJD

本书实例中的每一套娃衣都提供了四分和六分两个尺寸的纸样，由于设计有一定的松量，以下体型的娃娃一般可以通穿。

四分娃：整体身高 40~45cm，胸围 20cm 以内的普通少年少女体型、二次元梨形身材的胖四分体型、四分巨婴体型等。

本书模特娃体：Puyoodoll 熊妹、Rosenlied 巨婴、ComibabyDoll 巨婴、Guard Love 四分圆润体。

六分娃：整体身高 25~30cm，胸围 14cm 以内的六分儿童体型、二次元梨形身材的胖六分体型等。

本书模特娃体：Puyoodoll 宝宝熊、Rosenlied 六分体、ComibabyDoll 六分体、Guard Love 六分体、少女鱼工作室胖鱼体（穿着效果宽松偏大）、李老师的娃－大头 Qbaby（穿着效果宽松偏大）。

建议从四分、六分尺寸开始学做娃衣

近几年越来越多的娃社都有出品四分和六分的 BJD，其中四分娃娃可塑性相当高，各种不同风格都能驾驭；六分娃娃则多数比较幼态，适合稚气可爱的风格。四分和六分娃娃的选择很多，价格也相对亲民，市面上适合这些尺寸的娃娃配件都很容易买到，因此受到很多玩家的喜爱。

对于新手来说，四分和六分娃娃在 BJD 中属于大小适中的中间尺寸，这类娃衣不管是裁剪还是缝制，相对都更简单，因此适合由此入手学习娃衣制作。

1.2 ▶▶ 娃衣制作工具

1.2.1 基础工具

缝纫线

缝纫线是由多股纱线并列捻合而成，常见的规格有 202、402、602、603 等。其中前面两个数字代表纱的支数，即纱的粗细程度。例如，20 支纱是最粗的，而 60 支纱是最细的。末尾的数字则表示缝纫线是由几股纱线捻成。例如，603 线是由 3 股 60 支纱线捻成。

因此，相同股数的纱线捻合而成的缝纫线，支数越高，线就越细，强度也越小；而相同支数纱线捻合而成的缝纫线，股数越多，线越粗，强度越大。

缝纫线的选用

娃衣最常用的缝纫线型号是 402 和 602（也可写作 40s/2 和 60s/2），其中 402 是手缝以及机缝最常用的线，适用于大部分娃衣布料；602 则是细线，适用于轻薄的布料，也可以用作锁边线。

缝纫机针

不同类型的缝纫机使用不同的机针，具体可以根据机针型号的前缀来分辨：工业缝纫机针是 DB×1 开头，家用缝纫机针是 HA×1 开头的。标在前缀后面的数字有 55、60、65、70、75、80 等，这些数字是欧洲制式尺寸号；9、11、12、14 等是亚洲制式尺寸号，国内大多使用亚洲制式。数字越大则机针越粗，适用的布料越厚。由于做娃衣多用偏薄的布料，常用的就是以下两种机针：

9 号针：适用于轻薄面料、薄针织面料。

11 号针：适用于一般的娃衣布料。

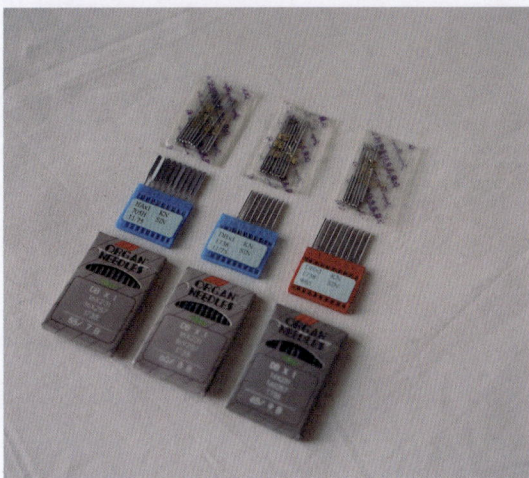

手缝针

手缝操作时使用的针，可以根据面料的厚度和手缝的工艺选择合适的手缝针。国内手缝针的型号一般分 1~15 号，号码越小，针越细，其中适合手工布艺以及娃衣制作的手缝针有以下几种。

8 号针：适合不织布、较粗厚一些的布料，以及不需要太细针脚的布艺手工。

9 号针：一般布料均适用，也可以用于缝小扣子、小珠子等。

10 号针 /11 号针：针脚较细，适合做精细布艺，也可以用于珠绣。

12 号针：可以用于刺绣，并且只能用于轻薄布料，不然针容易弯折。

注意：以上仅为手缝针的型号，专业的织补针、绣花针等另有专门的编号标准，此处不做详细介绍。

硫酸纸

硫酸纸是一种半透明的纸，常在复制样版时使用。

自动铅笔和橡皮

用于画图、画版。建议使用带有金属管状笔尖，且笔尖不会随笔芯回缩的绘图专用自动铅笔，这种自动铅笔更适合配合尺子使用。

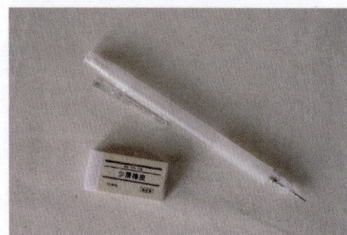

剪纸剪刀

裁剪纸样时须使用剪纸专用剪刀。剪布的裁缝剪用于剪纸会降低其锋利度，因此剪纸与剪布的裁缝剪要分开使用。

裁布剪刀

用于裁剪服装面料的专用剪刀。沾水、剪纸或者摔都会影响锋利度，因此不要裁剪除布料以外的材料。

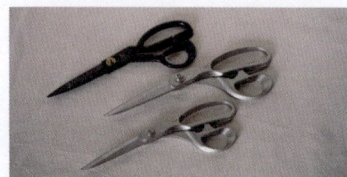

纱剪

缝纫过程中用于剪掉多余的线头。

牙剪

牙剪的刀片是锯齿状的，可以给布料剪出锯齿形的边缘，有一定的防散边作用。

皮尺

用于量体、测量曲线等。皮尺两面都印有长度单位，有些是公制单位cm（厘米）和英制单位英寸；有些是公制单位cm（厘米）和市制单位寸。

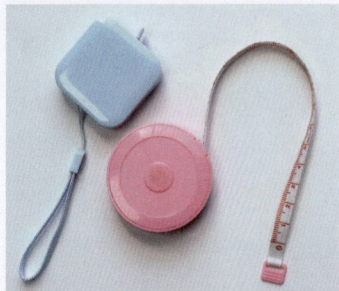

放码尺 / 格子尺

可以用来量尺寸，也可以用来辅助画直线。尺子上的格子可以更好地辅助画平行线或垂直线，也方便用于画缝份。

四分以上娃衣多数用30~50cm的放码尺，六分及以下娃衣用15~20cm基本就足够了。

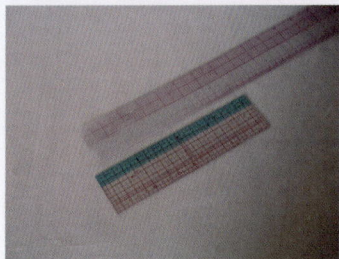

三角尺

包含了三角板、云尺、量角器的功能，但比例刻度做娃衣时用不上。

云尺

用来绘制任意弧线的制图工具。娃衣制版可以使用尽量小一点的云尺。三角板比例尺上有小云尺，如果觉得够用可以不用再另外买小云尺。

量角器

可以根据需要画出所要的角度。三角板比例尺上有角度尺，如果觉得够用可以不用再另外买量角器。

热消笔

又叫高温笔，用于在布料上描画纸样以及做各种标记，通过熨斗或热风机加热可以消除笔痕。

水消笔

同样用于在布料上描画纸样以及做各种标记，用清水擦洗可以消除笔痕，也有一些型号的水消笔是时间长了笔痕会自然消失。

珠针、定位针

为了对齐两层布料，可用珠针临时固定。也可以用于做标记。

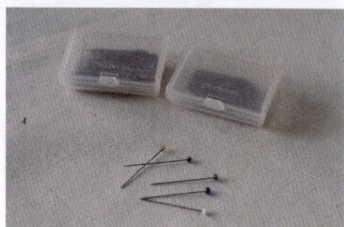

针插器

用于存放手缝针以及珠针，分为平底和腕带式两种，平底的方便日常插针所用，腕带式的则方便立裁时随时取用固定针。

镊子

常用的有直头镊子与弯头镊子两种，直头镊子多用于辅助车缝送布、辅助娃衣翻面等，弯头镊子多用于穿锁边线、夹取各种细小配件等。

锥子

在缝纫过程中经常使用，如调整布角、拆缝合线、做标记等。

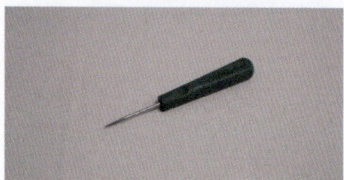

拆线器

缝错线或者辅助固定线已经不需要时，用于拆除缝线。

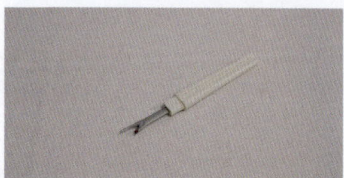

穿绳器

用于夹住橡筋或帽绳等，穿过缝好通道的腰头或帽边。也可以用拧起来的铁丝代替。

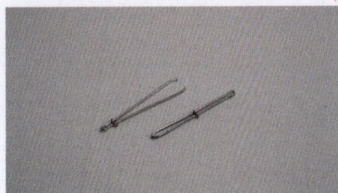

翻布器

将翻布器穿入缝合好的环状布中间，用尖钩钩住布边后往后拉，环状布便可以轻松翻成缝边在里正面朝外。

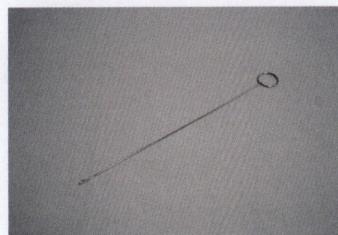

熨斗

缝纫中经常使用熨斗，如预缩布料、烫衬、开缝等。

烫台

熨烫娃衣细节时需要在烫台上操作，也可以用布料缠在圆形的小木台上作为小型烫台。

锁边液

涂在布料边缘，防止毛边散边。对于难以通过机器锁边的缝边，可以涂上锁边液代替锁边。

1.2.2 缝纫机的种类和选择

缝纫机一般分为家用缝纫机（简称家用机）、职业缝纫机（简称职业机）、工业缝纫机（简称工业机）、特种缝纫机（简称特种机）等几大种类，它们的区别主要在于功能、体积和价格，操作上区别不大。

本书中的所有娃衣款式，除了局部细节需要手缝，大部分的制作过程都推荐使用缝纫机来完成，教程也是用缝纫机来做的。虽然手缝同样可以完成，但无论效率还是线迹效果都是无法跟缝纫机相比的。

下面介绍的缝纫机类型（除了特种机）都可以完成娃衣缝纫，可以根据自己的需求、喜好、预算以及空间来选择。例如，家用机和职业机占的空间都不大；工业机需要固定在桌面上，所以不易搬动；家用机能做出多种线迹，但车缝细部时可能会遇到走线不顺等情况；工业机只能走直线，但车缝非常顺滑且快速，又快又直。

● 家用缝纫机

家用缝纫机通常设计小巧，容易携带，操作简单。它们通常带有多种不同的缝纫线迹，除了缝直线之外，还能缝曲线、锁扣眼、模拟锁边线迹等，适合用来缝制各种手工 DIY。

机械式电动家用缝纫机

机械式电动家用缝纫机的结构比较简单，通过转动旋钮或调节拨杆来设定各种针迹数据，能完成各种比较基础的缝纫操作。这类缝纫机的价格也是家用机里最实惠的。零基础入门，或者只是偶尔做一下 DIY，可以选择这类家用机。

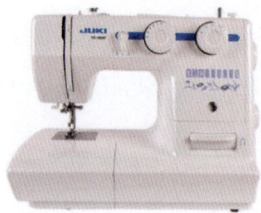

电子式家用缝纫机

随着技术革新，电子式家用缝纫机已成为家用机的主流。特点是内置微电脑，各种设置靠按钮控制，自带屏幕来显示机器的设置状态，且通常有更多线迹可选，包括绣花及字母线迹等等。一些更高阶的机器还有各式一键操作功能，如一键抬压脚、一键剪线等，当然价格和功能是成正比的。

电动缝绣一体机

这是电子式家用缝纫机与绣花机的结合体，体积和其他家用机差不多，换上合适的配件即可自由切换缝纫、刺绣功能，如对这两种功能同时有需求，并且不想占太多空间，缝绣一体机是个不错的选择。

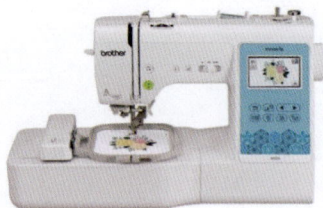

● 职业缝纫机

职业缝纫机也称专业缝纫机，功能更为复杂和强大，如自动送料、自动剪线等，并且有多种缝制模式，具备更多的针迹，缝出来的针迹更加整齐漂亮，能够处理多种不同材料和厚度。

这类缝纫机更适合对缝纫已经很熟悉的人士、从事缝制工作的人士，以及专业的服装设计师用于样衣制作。

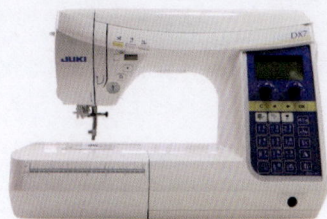

● 工业缝纫机

工业缝纫机比家用缝纫机体积稍大一些，其构造包括机器主体以及带有桌面的机架，不能拆分使用。工业机本来是用于批量生产缝制件的，具有线迹精确、缝制速度快、适合长时间运转等特点。

不过，基于工业机走线又快又直、车缝时基本不挑布料等优点，且很少出现卡线、易走歪等问题，操作简单易上手，因此越来越多的个人缝纫爱好者也会选择工业机在自家使用。

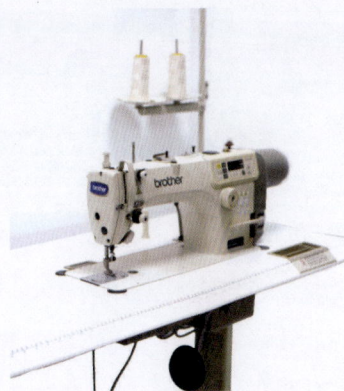

锁边机

锁边机又称拷边机、包缝机，专门用于处理布料的边缘，使布料边牢固、防止散边或爆线。锁边机的压脚旁边带有切刀，缝制过程中能将多余的布料或者布边已经散出的线边剪掉，处理后的布边会有一条规整的锁链式的线迹。

多数家用缝纫机都带有锁边线迹，但不管是锁边的速度还是锁边线迹的精细度都比不上锁边机，因此如果有条件推荐使用锁边机进行锁边操作。

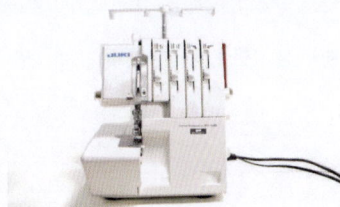

● 其他特种缝纫机

特种缝纫机即专门为某个缝制环节而研发的缝纫机，多数都是专业生产时会用到的机器。以下仅做介绍，拓展相关知识（机型图片来自网络，仅供参考）。

绣花机

绣花机内置电脑，可以将图案文件输入机器。在工作时，绣针会根据预先设定的图案和花型，在装好绣花框的绣布上穿针引线，绣制出各种漂亮的花型。

现在市面上还有缝绣一体机，只有家用机的大小，既可以用于缝纫，又可以绣花，做娃衣可以选用此类机器。

狗牙机

狗牙机是一种专门用于制作花边装饰的特种缝纫机，能够将布料边缘进行弯曲和缝制，制作出类似狗牙形状的花边。通过使用不同的附件和模具，还可以制作出不同形状和风格的狗牙花边，如直形、圆形、波浪形等，而且各种类型的布料都可以使用。

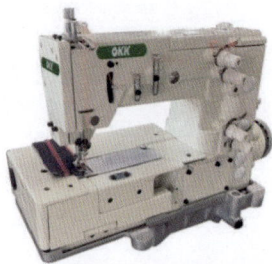

对丝机

对丝机适用于各种类型的布料，如棉、麻、丝绸、化纤等。通过使用不同的模具和附件，可以制作出不同形状和风格的齿形和孔状效果。如果从对丝好的面料中间剪开，会形成精致的邮票齿一样的布边，也可以利用对丝机制作娃衣专用的睫毛花边，效果非常精致。

1.2.3 娃衣常用的缝纫机压脚介绍

● 压脚简介

压脚可以在缝纫中起到重要的辅助作用，不同的压脚适合不同的缝纫情景，例如包边、锁边、锁扣眼、打褶等。同样地，压脚也分为工业机专用压脚和家用机专用压脚，两者外观不同，并不通用，但一般来说家用机压脚适用于绝大部分家用机型号，工业机压脚适用于绝大部分工业机型号，因此选购时务必确认是否适合你的缝纫机。

家用缝纫机压脚

家用机的压脚大部分都是扁平的，中间带一个金属横杆，扣紧在机器的压脚凹槽内就可以使用了，只有极少部分压脚是带着压脚胫一起的，如薄料打褶压脚。

工业缝纫机压脚

工业机的压脚是立体的 L 形，顶部都带有一个凹槽，用于连接压脚柱的螺丝。

● 家用缝纫机常用压脚类型

万能压脚

万能压脚也称为通用压脚，能够满足普通的日常车缝。

锁边压脚

如果没有锁边机，也可以利用家用缝纫机的锁边线迹、结合锁边压脚来处理缝边。

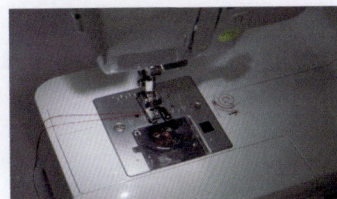

薄料抽皱压脚

使用此压脚，再结合调经的线面张力，可以边车缝边让布料抽皱。顾名思义，此压脚仅适用于较薄的布料，如薄棉布、真丝、网纱等，布料越厚抽皱效果越不明显。

家用机卷边压脚

有 3mm 卷边压脚和 5mm 卷边压脚，只要把布料的边缘嵌进压脚自带的卷边缝里，就可以车缝出相应宽度的卷边。

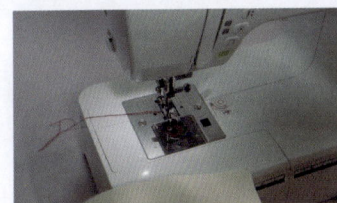

● 工业缝纫机常用压脚类型

平底压脚

车缝时最常用的普通压脚。

调节抽皱压脚

给布料抽皱时使用，压脚后面带有调节螺丝，通过调节压力，可以让布料达到不同的抽皱效果。

工业机卷边压脚

其功能与家用缝纫机的卷边压脚一样，只是适用的机器不同。有3mm卷边压脚和5mm卷边压脚，只要把布料的边缘嵌进压脚自带的卷边缝里，就可以车缝出相应宽度的卷边。

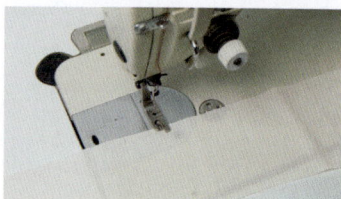

1.3 ▶▶ 娃衣常用面料和辅料

1.3.1 面料及各部位名称

把一匹布料想象成一幅打开的卷轴，能更好地理解各部位的名称以及它们之间的关系。

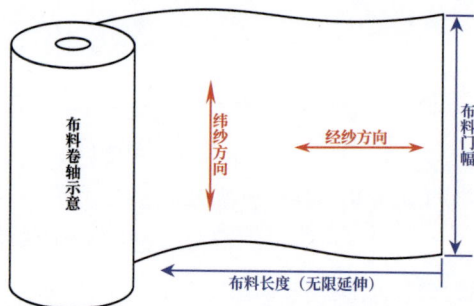

布料卷轴示意

纬纱方向　经纱方向

布料门幅

布料长度（无限延伸）

门幅

布料在生产的时候，都是按一定的宽度、延伸长度织成的，这个宽度即称为门幅。对于不同种类的面料，门幅的大小也会有所不同，制作娃衣的布料门幅通常为110~155cm，国产面料多为155cm左右，日本的印花棉布大多为110cm左右的窄幅。

选购布料时，一般门幅是固定的，卖家按布料长度来裁剪售卖。由于娃衣用的布量不多，选购布料时留意门幅大小，可以更好地判断所需购买的布料长度。

经纱

经纱就是面料的长度方向，也称为直纱，具有结实、不易伸长变形的特点。娃衣纸样上的箭头方向为经纱方向，纸样上的箭头需要与布料的经纱方向保持一致，对准经纱裁剪布料，做出来的娃衣不易变形。

纬纱

纬纱就是面料的宽度方向，也称之为横纱，具有易伸缩的特点。娃衣纸样上的箭头方向与布料的纬纱垂直。经纱和纬纱呈相互垂直的关系。

分辨经纱和纬纱的方法：如果是完整门幅的布料，面料两侧一般有毛边或针眼，那么与边平行的方向为经纱；如果是裁剪过的布片，则可以根据布料的布纹以及弹力方向来辨认。

克重

克重是布料的单位重量，有两种计量方式：一种是每平方米布多少克，单位为 g/㎡；另一种是每米布多少克，单位为 g/m。二者的换算公式为：

$$平方米克重（g/㎡）× 门幅宽度（m）= 米克重（g/m）$$

不同的布料具有不同的克重，一般来说，克重越高，布料越厚，反之则越薄。当然，这只是一个相对的参考数值，布料的厚薄还与材质和密度有关。

购买布料时，可以通过对比两种类似布料的克重来估计其厚度差异。

支数

支数是纤维或纱线粗细程度的单位，以一定重量的纤维或纱线在公定回潮率时所具有的长度表示。支数分为公制支数和英制支数两种，用于表示梭织物单位长度内纱线的根数。例如，一两棉花做成 40 根长度为 1 米的纱，那就是 40 支；一两棉花做成 60 根长度为 1 米的纱，那就是 60 支。所以纱的支数越高，纱就越细，织出来的布就越薄。在 80 支或以上，布料不但薄，而且会有微透。

1.3.2 娃衣常用布料

布料的种类非常多，这里仅介绍一些做娃衣常用的布料类型。选用娃衣布料的一个基本原则是：在同样季节的衣服款式里，娃衣面料要比真人衣服的面料薄。例如，娃衣的冬装要选用真人用的秋装面料，如薄毛绒、小毛圈布等；娃衣的春秋装要选用真人用的夏装面料，如薄棉布、丝绸等。而且娃娃的尺寸越小，要选越薄的布料。

平纹棉布

平纹棉布是一种织物组织为平纹的棉质布料，纹理细密，不易变形，对新手缝纫很友好。娃衣常用的有平纹纯色棉布以及平纹印花棉布。

斜纹棉布

斜纹棉布是一种织物组织为斜纹的棉质布料，它比平纹棉布厚实，表面有明显的斜向纹理。斜纹棉布适合做较为挺括的娃衣及配件，例如，外套、休闲裤、包包等。

牛仔布

牛仔布是一种较粗厚的色织经面斜纹棉布，经纱颜色深，多数是靛蓝色；纬纱颜色浅，一般为浅灰或煮练后的本白纱。牛仔布的特点是结构紧密、织纹清晰，具有较高的耐磨性。做娃衣时要选择夏装用的牛仔布，避免过厚过硬。

提花布

提花布是使用提花机在棉纱上织出不同的图案，从而得到的带有花纹的棉布。提花布上呈现出各种精美的图案和纹理效果，用来做娃衣会显得很有质感。

印花布

印花布一般是通过高温印花工艺在白布上印制颜色与图案的，因此有很明显的正反面。

格子布

格子布是一种以各种图案或条纹构成的面料，它具有多种类型，如100%棉、涤纶、雪纺、亚麻等，根据材质和加工方式的不同，格子布的面料质地和特点也有所不同。

色织布

色织布是由染纱和织布工艺相结合而生产的纺织产品，是将纱线或长丝经过染色后再用于织布。

雪纺

雪纺柔软轻薄，透明垂顺，做娃衣可以表现出飘逸的效果。但由于雪纺的结构比较松散，熨烫容易缩水，裁剪容易变形，所以用雪纺做娃衣有一定难度。

真丝棉

真丝棉是采用桑蚕丝和精梳棉混合交织制作的面料，也被称为丝绵纺，质地柔软光滑，手感轻盈、柔软，可以用来制作娃衣中有光泽的衣饰，如复古衬衫、西洋裙等。

双宫真丝

双宫真丝是蚕丝的一种，就是两条蚕结到了一个茧里，吐出来的丝有些不规则的点和节，这就是双宫丝。用这种丝织出来的面料就是双宫绸，表面会有一些凸起的小点和短节，风格独特，飘逸且垂感好，光照下呈现一定的立体效果，是一款高档的面料。

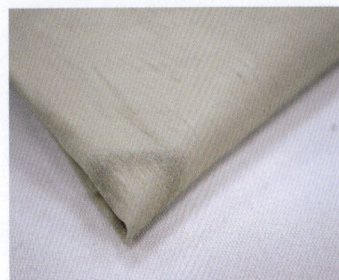

丝光亮缎

丝光亮缎是一种优质的面料，通常由丝绸、聚酯纤维、锦纶、棉、亚麻等材料制成。它具有光滑、柔软、有光泽的特性，密度较低，呈现出非常光滑的质感，光泽度较高，具有很好的垂感，穿着舒适，透气性和保暖性也比较好。

● 针织布

针织布是一种由针织机织造而成的布料。它通常是由一组或几组线圈相互穿插，然后形成网状结构的面料。针织布具有较好的弹性和延展性，它的主要成分可以是棉、羊毛、涤纶等纤维，也可以是多种纤维混纺。根据不同的纤维成分和织法，针织布可以呈现不同的质地、纹理和颜色。

▎单面汗布

单面汗布分正反面，两面的编织纹理不一样，一般比较薄，克重范围 120~220g/㎡。

▎双面汗布

双面汗布仍只有正面带有印花，但布料正反面的编织纹理是一样的，因此比单面汗布厚实，一般克重在 280~350g/㎡。

▎罗纹布

上针与下针交互编织的罗纹组织布料，表面有坑条纹，横向可拉伸的幅度很大。做娃衣时通常选择克重在 160~240g/㎡的罗纹布。可以做袜子，针织衣服的领口、袖口，紧身背心等。

▎毛圈布

背面呈环状的针织布料，一般比较厚实。做娃衣时尽量选用克重小于 350g/㎡的。可以用来做卫衣、运动外套、较大尺寸娃娃的运动裤等。

▎毛绒布

表面有密集毛绒的针织面料，触感柔软舒适，根据毛绒的长短可以分为长毛绒、短毛绒、摇粒绒、泰迪绒等。做娃衣通常选择克重在 150~300g/㎡的毛绒布，可以根据款式来选择厚薄。

灯芯绒

灯芯绒表面有规则间隔的凸起条纹，它的绒条数量决定外观和效果，绒条越少，面料越笨重；绒条越多，条宽越细，则重量越轻。制作娃衣一般选择 21 条或 22 条的细灯芯绒，可以用于各种秋冬服装。

丝绒

丝绒表面有绒毛，手感丝滑，有韧性，呈现特有的光泽。由于绒毛在不同的角度呈现不一样的光泽，所以裁剪裁片时要注意逆光和顺光。

● 透明布料

严格上说这类面料不算布料，但做娃衣经常用到各种透明及半透明的材料，因此汇总在一起介绍。

软网纱

软网纱一般有六角网纱、菱形网纱等，网眼越小则越细密。娃衣常用的克重为 20~50g/㎡，在同样的密度下，克重越小越轻薄。

硬网纱

硬网纱同样有六角网纱与菱形网纱等，这类网纱没有弹性，有一定的硬挺度，适合用作娃衣的裙撑。

点点纱

点点纱的特点是在纱线上分布着大小不一、形状不规则的点状颗粒，使这种网纱面料更具质感和装饰性，并且有多种颜色可选。

蕾丝布

蕾丝面料分为有弹蕾丝面料和无弹蕾丝面料，好的蕾丝布，摸起来顺滑不扎手。可以用于娃衣的裤子、裙子、礼服、头饰等部分，注意根据款式需要选择适合的弹性与软硬程度的蕾丝布。

弹力网纱

弹力网纱是一种具有网状图案和弹性的网纱材料，用于制作娃娃的袜子，会有类似丝袜的质感。

1.3.3 娃衣常用辅料

● 连接用辅料

这类辅料用于娃衣的开口连接，方便娃衣的穿脱。

魔术贴

魔术贴又叫魔术扣，是娃衣常用的连接辅料，分子母两面，一面是毛（毛面），一面是刺（勾面）。娃衣上尽量选用柔软轻薄的魔术贴，如婴儿魔术贴、超薄魔术贴等。

纽扣

纽扣有各种材质及形状，常见的有双孔或四孔纽扣、工字扣等。适用于娃衣的纽扣通常都很小，大多数娃衣适用 6mm 以内的纽扣。当然，由于娃衣比较小，纽扣不一定搭配扣门做衣襟连接，也可以缝在娃衣上作为装饰。

暗扣

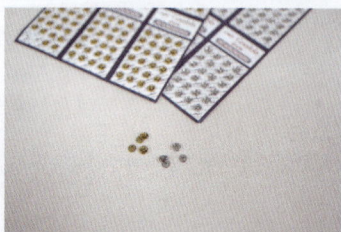

方便娃衣穿脱所使用的按压型固定扣，因为扣子缝制在缝边暗处，所以称为暗扣。一对暗扣分为子扣（带凸点的扣子）和母扣（带凹点的扣子）两部分。娃衣上常用直径为 5mm 及以下尺寸的暗扣。

风纪扣

　　一对风纪扣分为勾扣和环孔两个部分，一般尺寸为单个 4mm 左右，分别手缝于娃衣领口两边的内部连接处，勾住连接后从外面看不到扣子。

● 条状辅料

花边

　　花边也称蕾丝边，市面上有很多不同的花边种类，娃衣用得比较多的有以下几种：

　　涤纶花边：以涤纶丝织成的花边，优点是轻薄、性价比高，这个类别的花边有很多，质感差异很大，需要多挑多看。

　　细棉线花边：用精细的棉线编织成的花边，花型精细、质感高级，价格比较昂贵，很多进口蕾丝包括法蕾都属于这一类花边。注意同样是棉线花边，粗棉线与细棉线的质感和厚度差异很大，做娃衣更推荐细棉线花边。

　　刺绣花边：在网布底布上用机器刺绣出花型的花边，立体感较好，质感柔软。这类花边有比较明显的正反面，要注意区分。

　　水溶花边：先在水溶性底布上刺绣出花型，再通过水洗让底布溶化，只留下花型的花边。这类花边的立体感最好，同样分正反面。在这几类花边里水溶花边相对是最厚硬的，用在娃衣上要注意搭配。

　　棉布花边：花型绣在棉布底布上的花边，在这几类花边里是最不透明的一种，并且常有一些孔洞设计。这类花边适合自然风与田园风的娃衣。注意这种材质久放容易发黄，不要一下子囤太多。

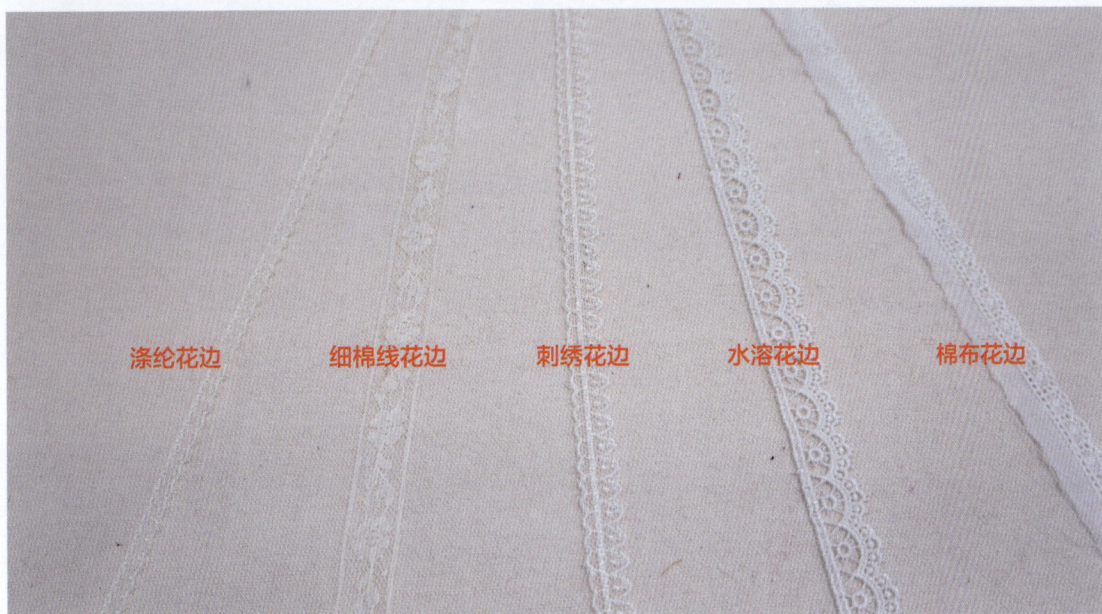

涤纶花边　　　　细棉线花边　　　　刺绣花边　　　　水溶花边　　　　棉布花边

丝带

做娃衣一般选用 0.2~1.5cm 宽度的丝带，娃衣常用的丝带材质有以下几种：

真丝丝带：最为软薄，垂感和飘逸效果都很好，价格相对较贵，可用于做蝴蝶结、丝带绣等，也可以车缝在娃衣上作为装饰，不会改变布料的柔软度。

涤纶丝带和雪纱丝带：涤纶丝带是不透明实色的，雪纱丝带是半透明的，这两种丝带的性价比都很高，用在娃衣上都很挺括，适合做成蝴蝶结装饰或用作绑带。

真丝丝带　　　　　　　　　　涤纶丝带　　　　　　　　　　雪纱丝带

织带

一般选用 0.5~1.5cm 的宽度，单色的织带可以当作娃衣上的包带或裤子背带使用，带图案的织带一般用来做装饰边或制作蝴蝶结。

橡筋

橡筋又叫松紧带，用于袖口、腰头等需要弹力收口的部分。娃衣裤子腰头部分多用 0.5cm 宽度的橡筋，袖口等其他装饰部位可用 0.3cm 宽度的橡筋。

弹力木耳边

还有一种两边或其中一边带有花边或木耳边的橡筋，一般选用 1cm 以内的宽度，用于袜口、腰头等带装饰边的收口，局部位置还可以直接当作收皱花边使用。

金属丝

把金属丝缝进布料内，可以起到定型或自由造型的作用，如娃衣的造型蝴蝶结、动物耳朵、帽沿等。材质最好选铜或铝的，不易生锈；直径选 0.4~1mm，并且软硬适中的。

粘合衬

粘合衬是一种涂有热熔胶的衬里，是布艺制作经常用到的辅料之一。粘合衬经过加温熨压会附着在布料的背面，当布料太软需要变挺括时可以通过添加粘合衬来实现。

正面　　反面

● 单面布衬 / 有纺粘合衬

单面布衬

单面布衬通常用于衬托衣物面料，增加面料的硬度和挺括度，同时也可以用于制作一些装饰性的细节。单面布衬的一面通常带有胶粘剂，可以将衬布和面料粘合在一起；另外一面则是普通的布面，可以用于在制作一些装饰性的细节时进行缝制和固定。

单面布衬中的 30D 适用于雪纺等轻薄面料；50D 适用于大多数面料，适用于衬衫、小外套、旗袍等；75D~150D 适用于西装、大衣等。针织衬 D 数越大，布衬越厚。

双面粘合衬

常见的双面粘合衬薄如蝉翼，与其说是衬，不如说是胶更合适。通常用它来粘连固定两片布，例如在贴布时可用它将贴布黏在背景布上，操作十分方便。市场上还有整卷带状的双面粘合衬，这种粘合衬在折边或者滚边时十分有用。

树脂衬

　　树脂衬又称为硬衬、定型衬，是以纯棉、涤纶混纺、麻和化纤等薄型织物为基布，经过树脂处理而制成的衬布。这种衬布的稳定性、硬挺性和弹性都很好，适合用于衬衫（领、袖口、门襟）、西服的硬领衬、裤腰的腰衬布等，可以起到挺括和补强的作用。

● 装饰辅料

　　装饰辅料即起到装饰作用的辅料，通过缝制、熨烫、穿透等不同的方式附着在衣物或其他缝纫制品上。装饰辅料的种类非常多，这里只列举一些用在本书娃衣款式上的装饰辅料，仅供参考，大家在实际创作中可以大胆尝试。

小布贴

　　装饰布贴大多数都是机器刺绣的，分为带背胶和不带背胶两种。带背胶的只需用熨斗加热就可以贴到布料上，不带背胶的则需要沿着边缘车缝一圈固定到布料上。选购的时候要注意布贴的尺寸，推荐边长在 4cm 以内的，娃衣越小布贴越小。

织唛

　　织唛的材质跟我们衣服内部缝的品牌或尺码标签一样，而且尺寸一般都比较小巧，一些带有图案的织唛可以买来直接缝在娃衣上当装饰。

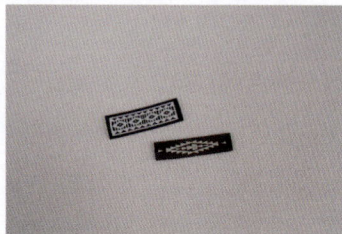

烫画

　　小烫画适合用来做娃衣上的印花图案，只需把烫画放在合适的位置上，用熨斗压在上面加热一小会儿，撕下保护膜，图案就会黏在布料上了。选购时要注意尺寸，适合娃衣用的烫画多数边长在 4cm 以内，或者更小。

各式珠子

发挥创意，把不同的珠子缝在衣服上作为漂亮的装饰吧！娃衣多用 2mm 米珠、3~5mm 圆珠以及 10mm 以内的异形珠子，选购时要注意尺寸。另外，米珠的孔一般比较小，需要搭配超细的手缝针（或串珠专用针）来使用。

1.4 ▶▶ 娃衣制作准备

1.4.1 常用缝纫术语表

术语名称	含义
款式	款式是构成娃衣的基本形态，包括外观及结构形式
净版、净边	不含缝份的纸样称为净版，净版的轮廓边则为净边。裁片在车缝时都是沿着净边来缝的
毛版、毛边	包含缝份在内的纸样称为毛版，毛版的轮廓边则为毛边。另外布料上未经处理的边缘也叫毛边
裁片	根据纸样裁剪出来的各部分的布片
丝缕线	是指在纸样上用来表示布料经向和纬向的线条，一般箭头标记的方向是布料的经向（竖向）
缝合线、缝线	纸样上表示要缝合的线条，以及已经在裁片上缝了线的线条
剪口	在裁片上剪一个小口作为记号，便于缝制时定位，也可以用于娃衣翻面前在缝边上剪的小口，也称打牙口
面线	缝纫机缝合时，面线、底线两根线交织在一起。面线指穿在缝纫机上侧、穿过机针的线

术语名称	含义
底线	缝纫机缝合时，面线、底线两根线交织在一起。底线指倒在缝纫机内部锁芯里的线
线迹	缝纫线在布料上形成的路径或痕迹，缝纫机的线迹通常有直线线迹、曲线线迹、锁边线迹、装饰线迹等几大类
收皱、抽皱	将原来平整的布料利用缝线将其收成起皱状态
拼合	把两片裁片缝合在一起
倒回针	为加强起针缝合处与落针缝合处的牢固度，同一位置反复缝合 3~4 针的缝合方法
明线	指缝在面布正面能看得见线迹的缝合方式，一般用于固定缝份，娃衣的明线通常在拼缝边或折边线 0.1cm 的位置
衣片	衣服的分部，衣片前面部分叫前片，后面部分叫后片，如果前（后）片还有细分，还可以称为前（后）中片、前（后）侧片
前中	衣服前身的中心线
后中	衣服后身的中心线。娃衣的后片一般从后中分成左右两片，后中带有叠门（本书纸样已包含），用于缝魔术贴或暗扣等进行连接，方便穿脱
搭门、叠门	左右片重叠部分，一般钉纽扣、车魔术贴的部位要有搭门（叠门）
衣身	覆合于娃体躯干部位的娃衣样片，分前衣身、后衣身
肩缝	上衣前后片在肩部的缝合线
侧缝	衣服两侧的前后片连接缝合线
前、后裆线	裤子前面正中至前裤裆的缝合线称为前裆线，裤子后面正中至后裤裆的缝合线称为后裆线
裆底线	裤裆底部的缝合线
返口	为将缝好的布翻至正面朝外，预留出不缝合的部分。将布从返口翻至正面朝外后，可以用手工暗缝的方法缝合返口，或用缝纫机在返口上车一条明线缝合
正面相对	两块布料的正面与正面相对的一种叠合方式
反面相对	两块布料的反面与反面相对的一种叠合方式

娃衣结构与纸样

　　纸样各部分的线条都有相应的名称，有些纸样内部还画有对应的身体的围度、长度或宽度线条（如胸围线、腰围线等）。掌握了纸样线条的名称，就会很清晰具体什么位置该缝合起来，熟悉之后哪怕没有教程也能按照纸样完成娃衣创作。

上身部分

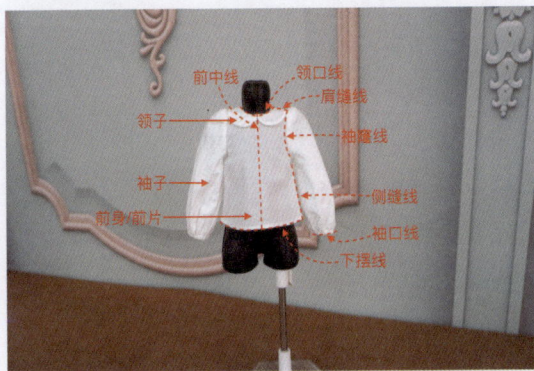

上衣正面结构

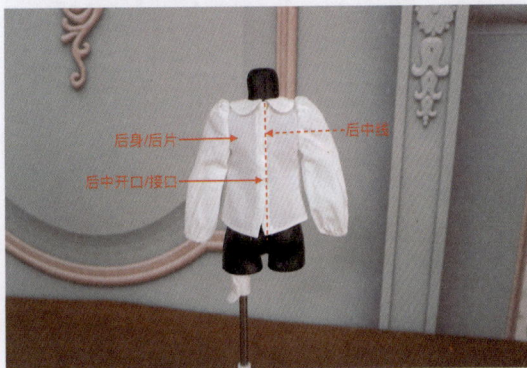

上衣背面结构

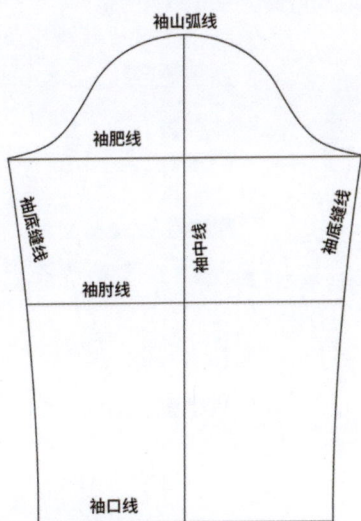

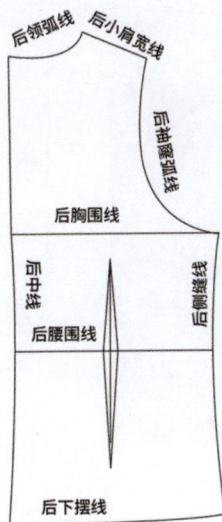

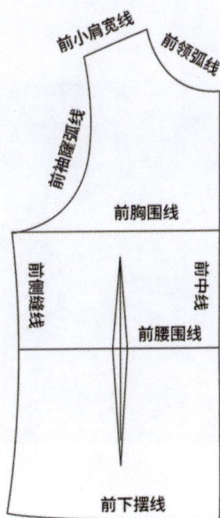

上身裁片各部分位置线条的名称

下身部分

下身分为裙子和裤子两种，其结构如下：

裙子部分： 通常分为裙片与腰头，根据裙子的款式，部分裙片会分为若干不同部分。贴身的裙子会分前片、后片，又或者根据设计分更多片，一般也是在后中做开口，既方便娃娃穿脱，也不影响美观。而有蓬度的、前后造型没有太大差异的裙子，则不需要分前后片，而是连成一片完整的裙片，在后中做接缝以及开口。

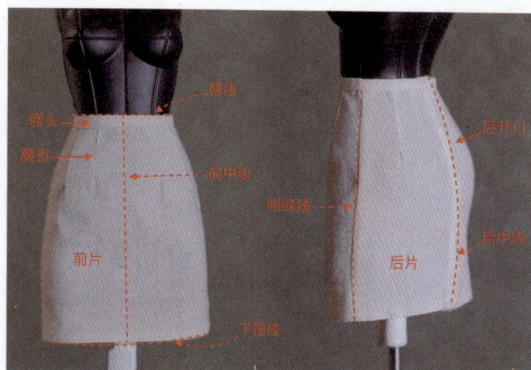

裙子结构

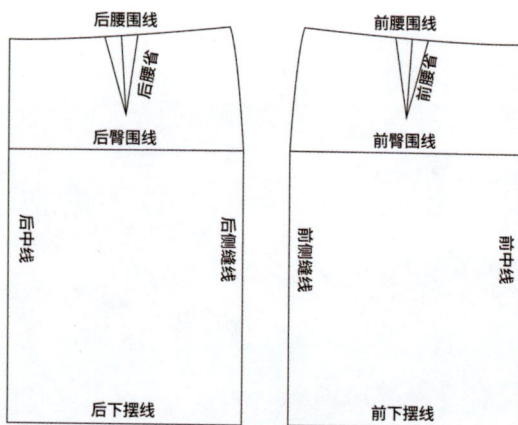

裙子裁片各部分位置线条的名称

裤子部分： 通常裤子分为前片与后片、前后片左右对称各一片，共四片，以及一个腰头。也有些简约一点的裤子款式会把前片与后片连成一个裁片，裁剪时需要左右对称各一片，共两片。

如果是连衣裙或连体裤，则相当于把上衣的下摆与裙片/裤子裁片腰的部分缝合，省去了单独的腰头裁片。

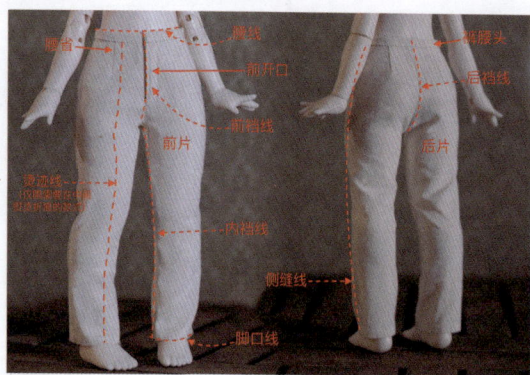

裤子结构

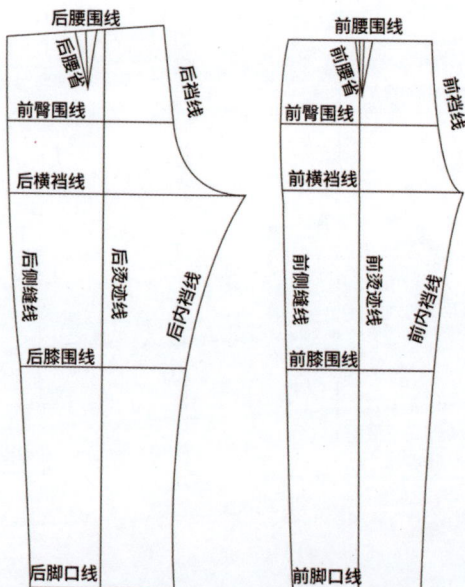

裤子裁片各部分位置线条的名称

纸样标记图例

名　　称	线条与应用	说　　明
缝边线、轮廓线、制图线	──────────	裁片的外轮廓线，线条较粗
净边线、辅助线、车缝线	──────────	裁片的实际车缝线，线条较细
对折线、连折线、中心线	─ ─ ─ ─ ─ ─ ─	表示衣片沿这条线对折。也表示中心线，纸样沿这条线两端对称
丝缕线、纱向线	←──────→	表示样板在面料上的方向
抽皱线		在衣片相应位置上进行抽皱
褶		表示需要折叠的部分。每条斜线所跨的三条直线为一个褶。斜线斜向表示折叠的方向，从斜线高的一端叠向低的一端

1.4.3　纸样的使用

● 复制纸样

本书教做的娃衣均提供了 1:1 的纸样，可以按照以下方法复制并使用。

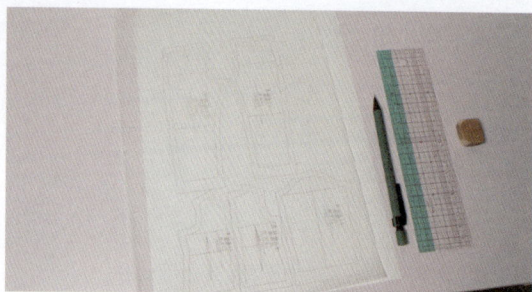

❶ 把硫酸纸覆在纸样上，这样原纸样的线条就能透过硫酸纸显现出来。

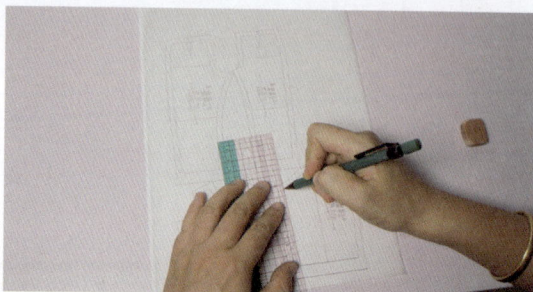

❷ 逐个复制纸样。先复制纸样的直线部分，以便纸张移位后更容易比对回正。之后再复制弧线，复制弧线时，用铅笔贴着直尺，重复纸样线迹一点一点移动复制。最后复制带箭头的丝缕线。

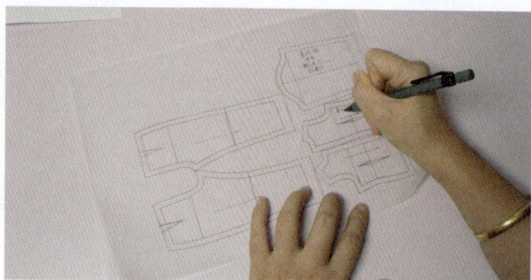

❸ 纸样轮廓线及结构线都复制好后，把纸样名称、娃体型号、裁剪片数、备注等信息写在纸样上，方便制作及整理。

❹ 将复制好的纸样剪下来，按照不同的类型分别放好。

● 准备布料

❶ 区分布料的正反面。有些布料能够根据花色和颜色明显地区分正反面；有些布料则需要根据光泽度区分，光泽度高的、更平滑的一面是正面；有些布料并不需要刻意区分正反面，如单色平纹棉、单色双面汗布等。

❷ 区分经纬纱方向。可以根据布料的纹理走向来区分，如果是一块完整门幅的布料，沿着经纱方向的边缘有不带印花的白边，或者生产布幅时会留下针孔或纱线。

● 熨烫平整

　　用熨斗把布料熨烫平整。熨烫时可以把布正面朝里,在反面熨烫。熨烫时注意温度要适中,可以通过小范围测试来了解布料的耐热程度。

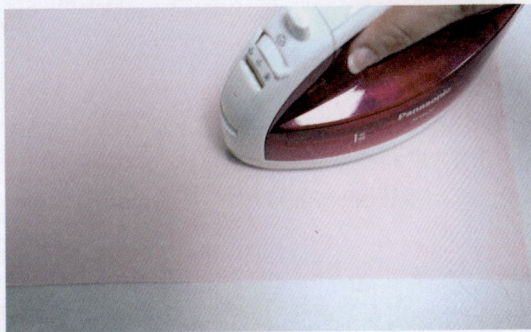

● 纸样排版

　　纸样排版是把纸样合理地排到布料上待裁剪。合理的排版可以节省布料,裁片及娃衣不易变形、不易散边。纸样排版需要注意以下几点。

对齐丝缕线

　　纸样上的丝缕线箭头是指布料的经纱方向,通俗来说就是竖向。纸样的丝缕线要按照与布料的竖向纱线平行的方向来排版。准备布料时区分好经纬纱方向,便于纸样快速对齐排版。

　　另外,为了节省布料,纸样在布料上既可以正向排版,也可以上下倒过来排版,只要保证丝缕线对齐即可。

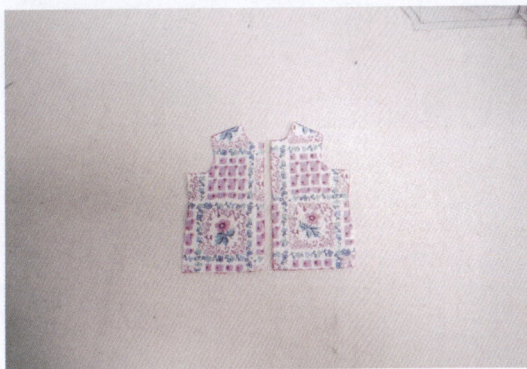

对花排版

　　对于印花布料,排版纸样时经常需要对花,例如,在裁片正中要有一个完整图案,两片左右裁片上的图案要对称等,这时就要先把需要对花的纸样放在合适的图案位置上,优先排好版,再排其他纸样。

布料裁剪

1 确定布料排版后，可以用热消笔或水消笔在布料上描画纸样的外轮廓，然后拿开纸样，沿画好的边线来裁剪；也可以用珠针把纸样固定在布料上，然后沿着边缘直接裁剪。

2 裁剪时使用专用的裁布剪刀操作，左手扶着布，右手拿剪刀，沿着轮廓线开始裁剪。裁剪时剪刀不要闭刃，剪一点后打开剪刀接着剪，避免裁片出现锯齿状毛边或位置不顺。裁剪时要摆正剪刀，始终贴着桌面剪布，左手始终扶着裁剪的布料，注意不要让布料发生移位或错位。

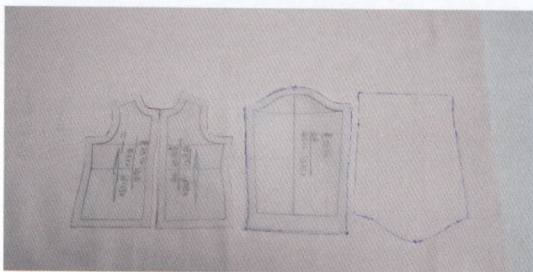

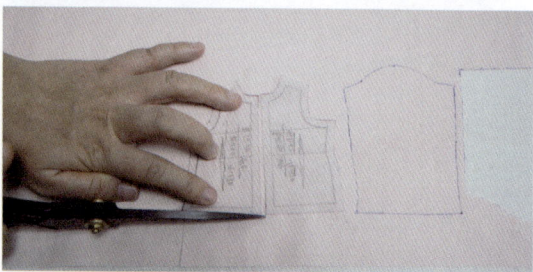

3 对于已经用针固定好纸样的布料，不需要画线，直接沿着纸样边缘裁剪。裁剪方法与前面是一样的。

裁片标记

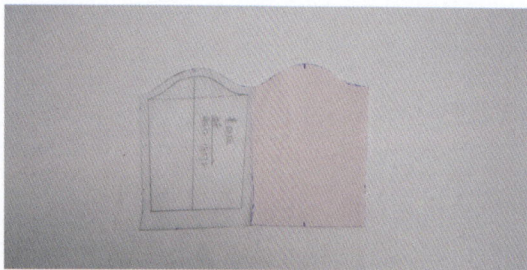

1 裁剪好裁片后需要做整理，对于纸样上已经带有标记点的，要对照纸样在裁片的相应位置上用热消笔或水消笔做好标记。

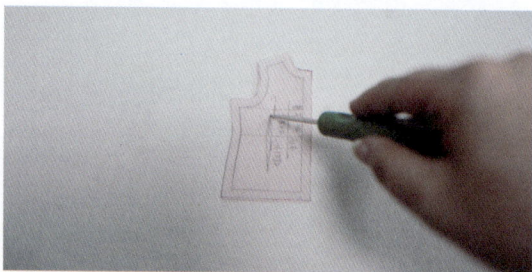

2 有些裁片的标记点在中间，可以先把纸样和布料裁片重合，用针或锥子把标记点戳穿。

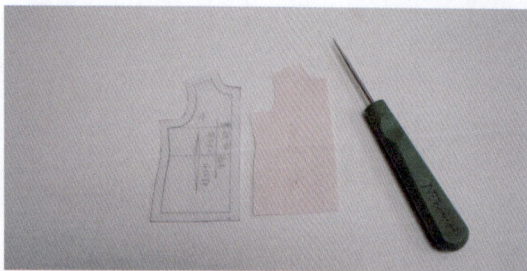

3 拿开纸样，裁片上已经留下了标记点小孔。

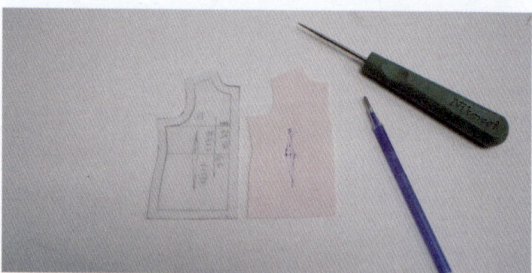

4 根据这些小孔，用热消笔或水消笔在裁片上画标记。用指甲刮平布料，小孔就会消失。

剪好所有的裁片后，就可以根据本书第三章的相应教程进行车缝制作了。按照教程制作完毕后，最好再完成以下步骤，让娃衣成品更加漂亮。

去掉笔痕

裁片上残留了一些轮廓线以及裁片标记点，可以根据标记笔的特点去掉这些笔痕。

如果标记是用水消笔画的，可以水洗整件娃衣并晾干。也可以用蘸水的毛笔把笔痕涂抹掉，然后风干或用电吹风、熨斗等加热快干。

如果标记是用热消笔画的，可以用熨斗加热或通过熨斗喷蒸汽的方式去掉笔痕。

整件熨烫

刚车缝完的娃衣，形状还不够服帖，可以通过熨烫进行定型。

将领子、袖子、下摆等位置逐一拉平，并用熨斗的尖尖位置仔细熨烫。

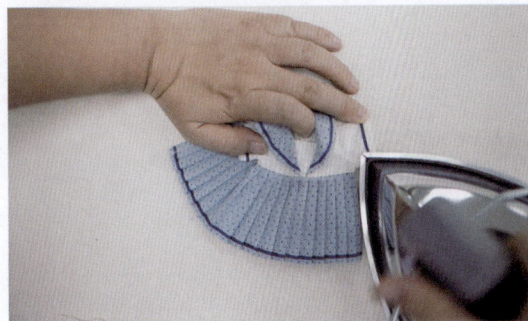

手缝装饰

根据自己的设计，或者按照本书的娃衣展示图，在娃衣适当的位置手缝上装饰物。可以是一些装饰辅料，可以是蝴蝶结，也可以直接从印花布料上剪下图案后缝在娃衣上。

第 2 章

娃衣缝纫基础技法

Guard Love（四分圆润体）、少女鱼工作室（胖鱼体）、Rosenlied（六分）、Puyoodoll（四分熊妹）、
Rosenlied（四分巨婴）、DollVillage（六分头）+ Guard Love（六分身）

2.1 ▶▶ 缝纫机车缝技法

2.1.1 基础车缝

　　不管使用的是什么类型和型号的缝纫机，以下这些基础车缝技法都是需要掌握的，练习这些技法的同时也能熟悉自己的缝纫机。

● 简单车线

▌车直线

　　车缝直线是新手必须要做的练习，以此可以熟悉机器的线迹。大部分家用机的 1 号线迹、开机的默认线迹就是直线线迹。

① 常用于娃衣的直线线迹长度为 2~2.5mm，线迹宽度的设置在直线线迹里则表现为机针所在的位置，默认宽度 3.5 表示机针在正中间位置，调节到小于 3.5 时，数值越小，机针越靠左，大于 3.5 时，数值越大，机针越靠右。

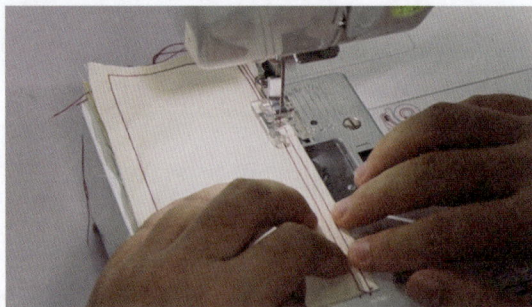

② 尝试调整不同的参数进行直线车缝练习，以此来观察不同的线迹变化。

▌车 S 线

　　这是新手在练习和熟悉机器的车缝线迹。

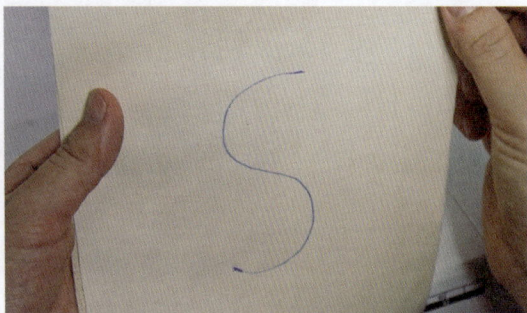

① 在布料上画一条 S 线，然后按线条轨迹来车缝，尽量让针迹都落在所画的线条上。

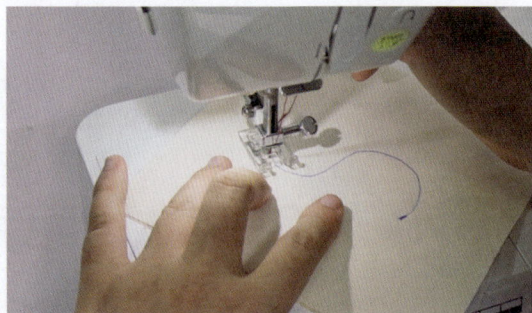

② 车缝时可以放慢速度，每车缝几针就抬起压脚调整一下布料的方向。注意抬压脚时要保持机针扎在布料上，以免布料移位导致线迹歪掉。

倒回针

倒回针是指在车缝开始和结束时，按住倒缝键走2~3针，再松开倒缝键继续正常往前走线，这样能加固线迹。缝完后贴着布料剪掉线头，缝线也不会散掉。

娃衣车缝重要提示： 除了家用缝纫机的花式线迹、后续要拆线的辅助线迹，以及需要拉扯缝线的手工抽皱，其余一般车缝的开始和结束都需要倒回针，要注意养成这一习惯。本书后续的车缝技法教学及娃衣教程里，除了有特别说明，一般默认每一步都要倒回针，教程中不再赘述。

绝大部分电动缝纫机上都有一个倒缝键，按住此键并踩脚踏板启动，缝纫机就会往后走线，称为倒缝。

● 锁边处理

家用缝纫机锁边

❶ 该做法仅适用于带有锁边线迹的家用缝纫机，具体请查阅你的缝纫机说明书，并根据说明书将缝纫线迹调整至锁边线迹模式。锁边可以用普通的多功能压脚，但推荐使用锁边压脚，该压脚带有缝边挡片及中心压杆，可以压住布边让锁边线迹更平整地落在布边上。

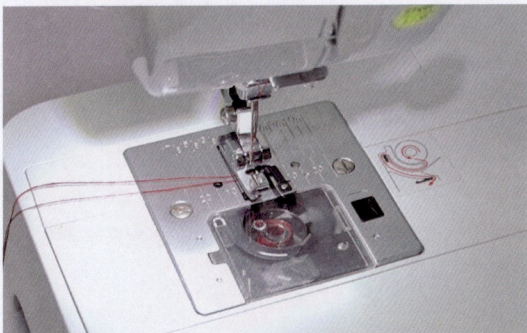

❷ 布料放到压脚下面，布料边缘与压脚上的挡片对齐。起针先转动手轮测试机针是否分别在压脚的中心压杆两边落下，如果机针打到压杆则说明线迹的选择或者线迹宽度不对，要及时调整。机针位置合适即可开始锁边，注意走线时布料边缘要始终对齐挡片。

❸ 锁边完成，直接剪掉线头即可。

锁边机锁边

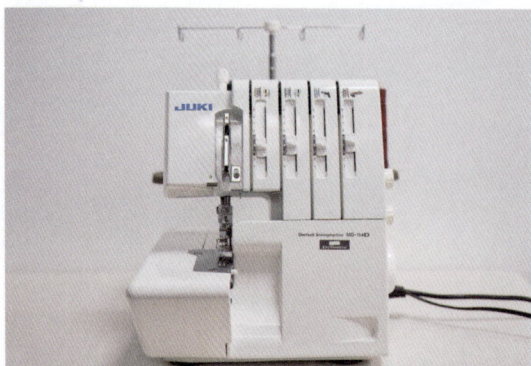

① 无论是家用锁边机，还是工业锁边机，都能做出漂亮且结实的锁边线迹。不同机器的穿线方式、参数等可能存在差异，具体请参考锁边机的说明书。

② 锁边时布料始终与压脚的最右边缘保持平直，超出边缘的部分会被机器的切刀切掉。如果布料边缘本身有毛边及散线，也可以通过切刀修剪平齐。

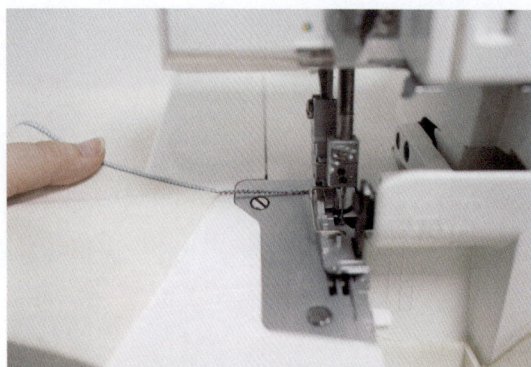

③ 锁边完毕后，需要让机器空转一小段多出来一些线，再剪断线头。

④ 锁边完成。

锁边液锁边

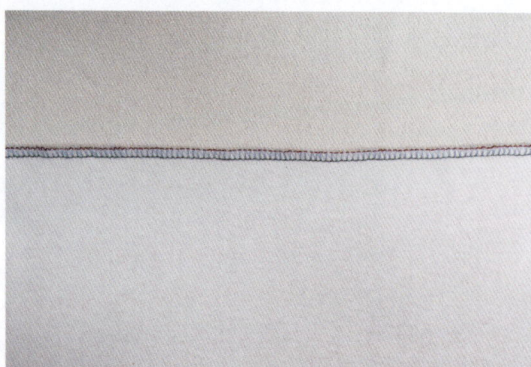

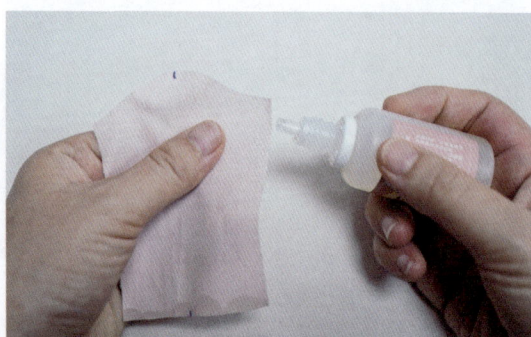

① 如果没有合适的机器进行锁边，也可以使用锁边液进行锁边。

② 把锁边液涂在布料裁片的边缘，待其干透后，边缘会稍稍硬化，这样就不容易散边了。建议先在不要的布料上试过效果后，再用在正式裁片上。

● 特殊车缝

▌车缝折边

❶ 布料背面朝上，布边往上折边，注意折边宽度要保持平直。示例中折边宽度为1cm，在实际缝纫中，需要按照具体情况来定折边宽度。如果折边后布边容易回弹，可以用熨斗烫平整后再车缝。

❷ 沿着距离折边边缘 0.1cm 的位置车缝固定线。在实际缝纫中，车缝边距根据具体情况而定，但必须始终保持缝线与折边平行。

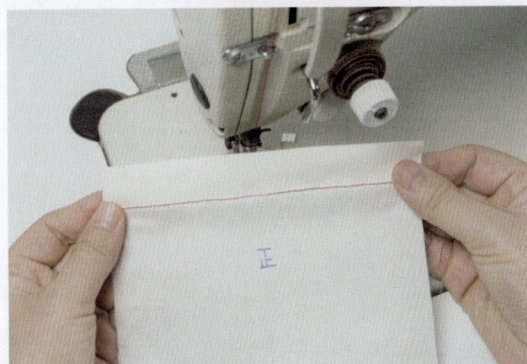

❸ 折边车缝完毕，翻到正面即可。

▌压明线

　　压明线广泛用于娃衣的很多细节中，由于娃衣尺寸小，一般都是压 0.1cm 的明线，也有少量压 0.3cm 或 0.5cm 明线的，也就是明线与拼缝线的距离为 0.3cm 或 0.5cm。

❶ 两片布料的边缘缝合后，根据需要对边缘进行锁边处理。

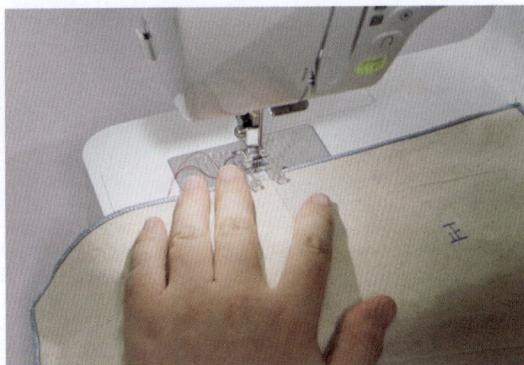

❷ 将两片缝合的布料展开，正面朝上，拼接缝在中间，缝合的缝边在反面折向其中一边，将布料放到压脚下，机针要扎到背面有缝边的一边。

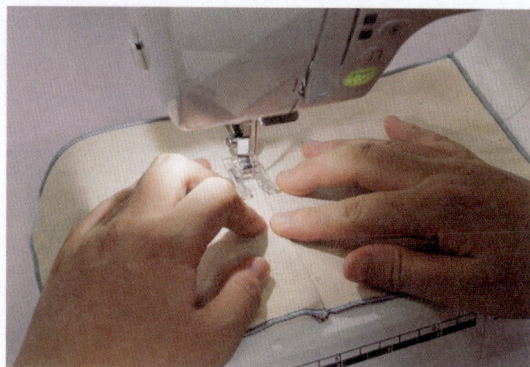

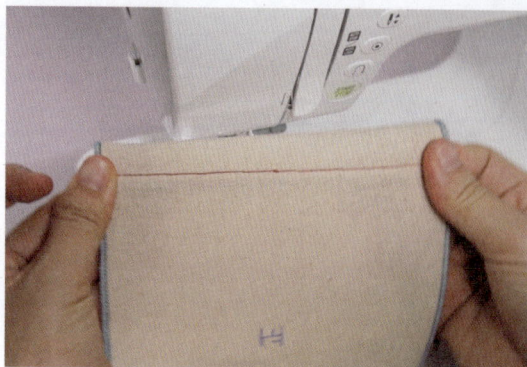

❸ 沿着距离拼接缝 0.1cm 的位置进行车缝，把背面的缝边固定住。

❹ 缝好后剪掉线头就完成了。由于缝线在布料正面能清晰看见，因此这条线称为明线。

▌车缝卷边

　　娃衣常用的是 0.3cm 卷边压脚与 0.5cm 卷边压脚。家用缝纫机和工业缝纫机都有卷边压脚，虽然外形有所区别，但其卷边原理及使用方法是完全相同的。

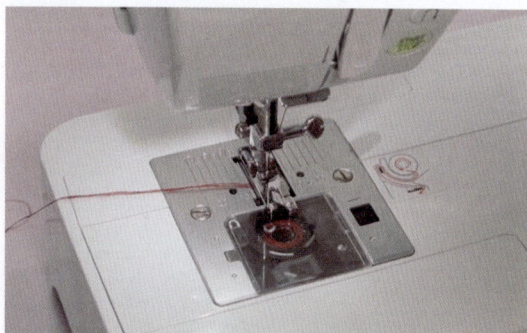

家用机卷边压脚

工业机卷边压脚

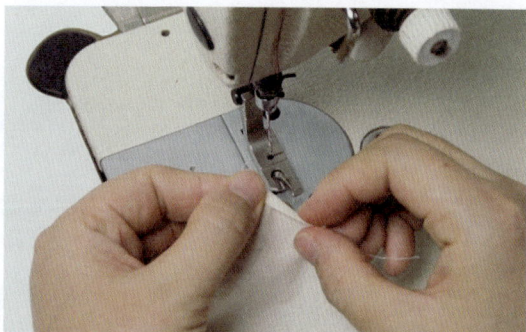

❶ 以 0.3cm 卷边为例，先在布料开头内折一小段，折边宽度为 0.3cm。

❷ 在上一步的基础上再次内折，形成一个宽度为 0.3cm 的卷边。

3 把手工卷好的一小段压在压脚下面，正常车缝 3~4 针，保持机针扎在布料上的状态，抬起压脚，把布边卡进卷边压脚的卷边缝里，整理好卷边。

4 放下压脚继续车缝，注意一边车缝一边用手扶住布边，使其一直保持着卡在压脚里卷边的状态。

5 卷边车缝完成。

6 如果没有卷边压脚，也可以使用缝纫机的通用压脚进行徒手卷边车缝。这次以 0.5cm 宽的卷边为例，在布料反面先把边缘往内折 0.5cm。

7 再次内折 0.5cm，把布料毛边卷到里面。将已经手工卷好边的布料压在缝纫机压脚下，开始车缝。

8 沿着折边边缘 0.1cm 的位置进行车缝。如果布料较长，车一段后要停下来整理卷边，边卷边车缝。

9 徒手卷边车缝完成。

手工抽皱

如果没有抽皱压脚，也可以使用缝纫机的通用压脚进行手工抽皱，具体操作如下。

❶ 把缝纫机的线张力调紧到8~9，针迹长度调到3.5~4，起针前把面线和底线都拉长到10cm以上。缝纫机参数因布料而异，薄的布料数值可以小一点，厚些的布料数值要大一些，可以在正式车缝之前先用一段布料做测试。

❷ 沿着布边0.3cm的位置车一条直线，不需要倒回针，在线迹结尾同样留10cm以上的线头。车缝完成后，如果布料本身很薄，就已经带有一定的褶皱效果了。一般布料会看上去还没有明显的变化，需要后面步骤的处理。

❸ 从布料正面的其中一边挑起底线，一手拉着线，另一只手调整布边，将布料拉出褶皱。

❹ 拉到需要的长度后，两端的面线和底线打结固定，调整好褶皱，使其平均分布。记得抽皱完成后把缝纫机调回正常车缝的参数。

家用缝纫机薄料抽皱压脚抽皱

家用缝纫机和工业缝纫机都有专门用于抽皱的压脚，使用方法差别不大。

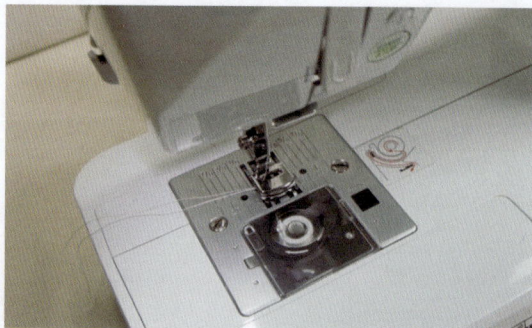

❶ 压脚的外观如图，装好压脚后，需要把面线穿过压脚上的孔带到压脚底下。线头要有5cm以上的长度。

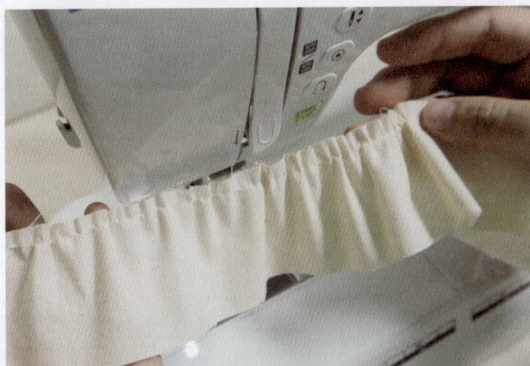

❷ 把线张力调到 8~9，线迹长度调到 3.5~4，压住布料进行车缝。开头和结尾不需要倒回针，车缝时可以把手指放在压脚背面轻挡布料，这样可以增加布料在压脚下面形成的皱褶。

❸ 车缝出来的布料带有打褶效果，并且布料越薄打褶效果越明显。完成后可以按照手工抽皱中第 3 步的手法再次调节褶皱的位置与收皱程度。

▌工业缝纫机可调节抽皱压脚抽皱

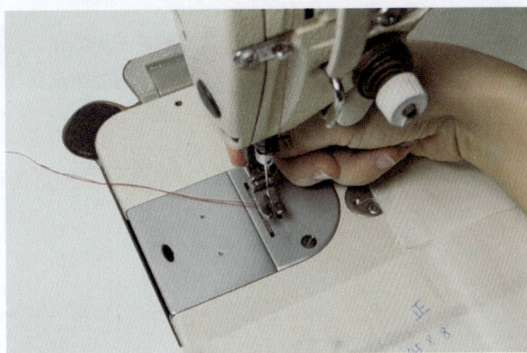

❶ 给缝纫机换上可调节抽皱压脚，并把缝纫机的面线张力调紧。

❷ 压脚后面带有调节压脚斜度的螺丝，螺丝越紧，压脚后半部分往上翘起越高，车缝出来的布料收褶量越大。螺丝在完全拧松的状态下，压脚底部完全贴合送布齿，此时压脚可以作为一般通用压脚使用。

❸ 开始车缝，缝边宽约 0.5cm，车缝出来就是收皱的效果。压脚螺丝不同的松紧度、不同的面线张力都会影响布料的抽皱程度。正式车缝前可以用一段布料来测试效果。

❹ 车缝完成后不要倒回针，留下一段 10cm 左右的线头，以便手工调节抽皱程度和完成长度。

贴布绣

缝纫机贴布绣只适用于有 Z 字线迹的缝纫机，请先根据说明书确认你的机器是否有此功能，同时确认该线迹的切换方式。

❶ 给缝纫机换上贴布绣压脚，该压脚整体都是透明的，方便在车缝时看清缝线走向。缝纫前先把线迹调到 Z 字线迹，线迹长度为 1mm，线迹宽度根据所需贴布的大小调整至 2.5~5mm 不等。

❷ 以自行裁剪的爱心形状布片作为贴布绣，以此为例进行讲解。实际操作中可以是现成的刺绣布贴、小织唛，或者是从布料上剪下来的图案等。先用大头针把布贴固定在需要的位置上，也可以用双面布衬加热熨烫的方式将布贴黏在底布上。

❸ 把要进行贴布绣的布贴及底布放到压脚下，布贴的边缘线要对齐压脚上的中点标记。沿着布贴边缘开始车缝，走线时始终保持机针是一针落在布贴上、另一针落在底布上交替进行的。

❹ 每车缝一段后抬起压脚调整方向，直到缝完一圈贴布绣。

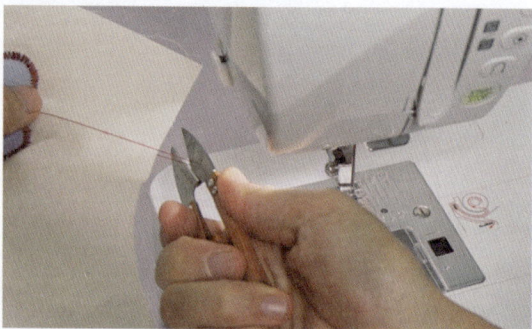

❺ 车缝结束后，留出 10cm 左右的线头。

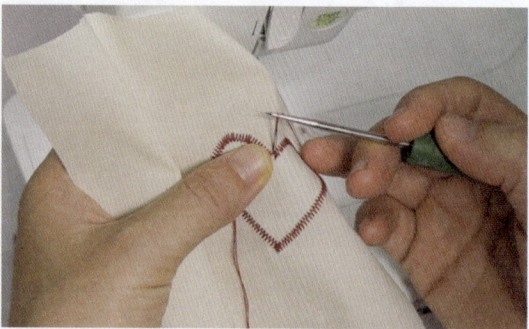

❻ 在背面用锥子把原来在正面的两根线头挑到背面。

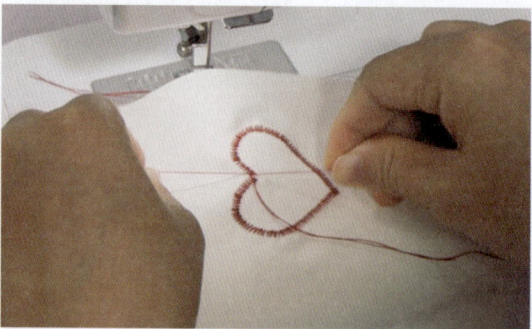

❼ 给开头及结尾两组线头分别打结，然后剪掉线头。

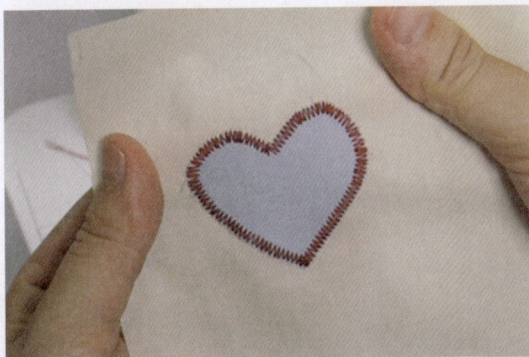

⑧ 贴布绣完成。

▎直接车缝橡筋

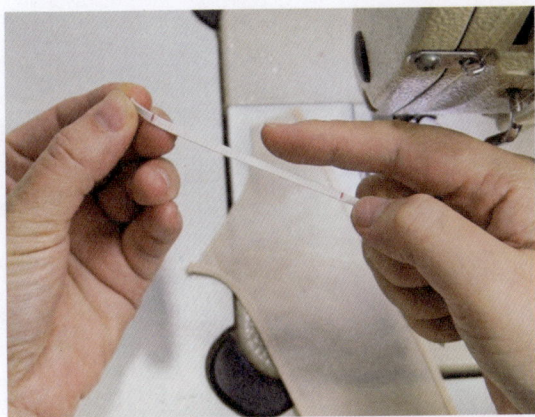

① 准备的橡筋要比车缝的长度长 2cm 左右，例如，如果要车缝长为 10cm 的橡筋，则需要准备 12cm 的橡筋，并用笔在橡筋上两头各长出来的 1cm 处做好标记点。

② 在布料的反面，把橡筋的一端标记点对齐布料边缘，放到缝纫机上，让机针同时扎到橡筋与布料，放下压脚压住橡筋末端超出布料的部分，倒回针后往前车缝大约 0.5cm 后停下。

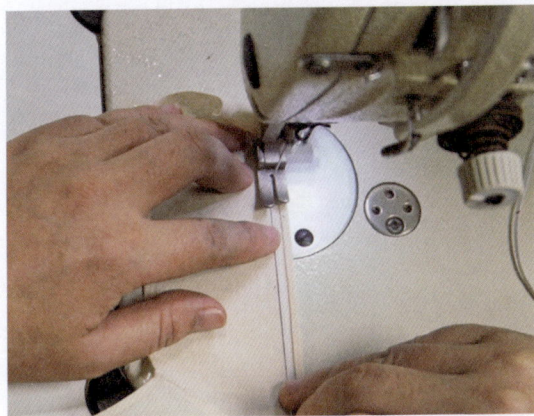

③ 把橡筋拉长，橡筋边缘与布料边缘保持平直，继续车缝橡筋。注意车缝时每一针都要压在橡筋中间，如有歪斜要及时调整。

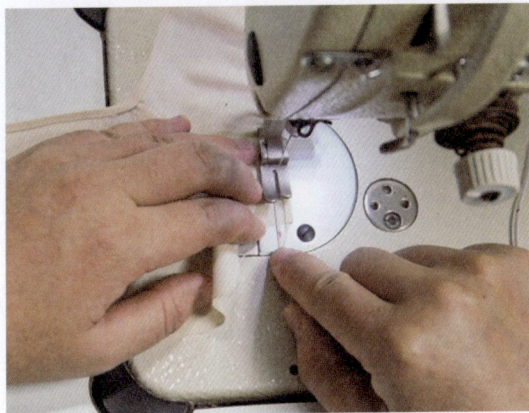

④ 如果橡筋不长，可以一次拉到让末端标记点对齐布料的车缝终点，保持这个拉伸度一直到车缝结束。如果橡筋较长无法一次拉到位，则先测试拉到车缝终点时所需的拉伸度，再按照大致相同的拉伸度拉开一段车缝一段。

⑤ 车缝结束必须倒回针，防止散线，完成后再把橡筋超出的两端修剪掉。

⑥ 车缝完成，橡筋回弹后布料自然收皱。

折边夹缝橡筋

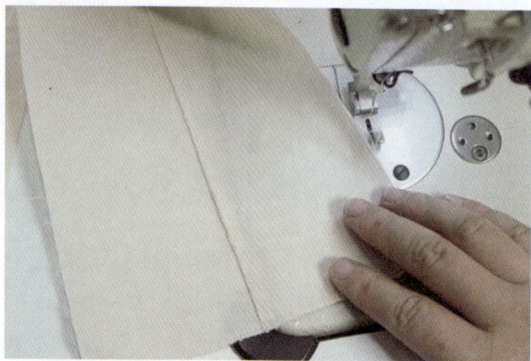

① 需要折边的布料边缘要先做好锁边处理，后续车缝时才不会毛边。

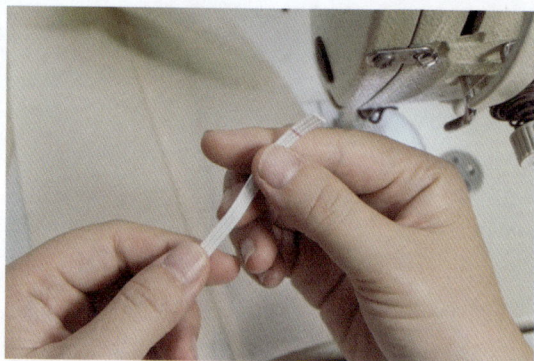

② 以车缝宽度为 0.5cm 橡筋为例进行讲解。准备的橡筋要比车缝的长度长 2cm 左右，例如，要车缝长为 10cm 的橡筋，则需要准备 12cm 的橡筋，并用笔在橡筋上两头各长出来的 1cm 处做好标记。

③ 布料反面朝上，橡筋放到布料上，距离布边大约 0.7cm 且与布边保持平行，一端的标记点与布料边缘对齐。

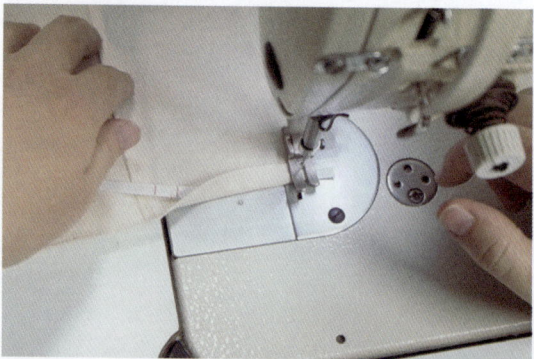

④ 布料沿着橡筋边缘往上折，折边要比橡筋宽，把橡筋夹在折边里面。先往前走几针，把橡筋的一端与布料折边固定住，之后用倒缝的方式让缝线倒回起点。

⑤ 在针扎着布料的状态下抬起压脚，将布料与橡筋一起转90°角至图示状态，布料折边盖住橡筋，准备继续车缝。

⑥ 橡筋另一端的标记点与布料的车缝结尾处对齐，调整好布料折边的宽度。

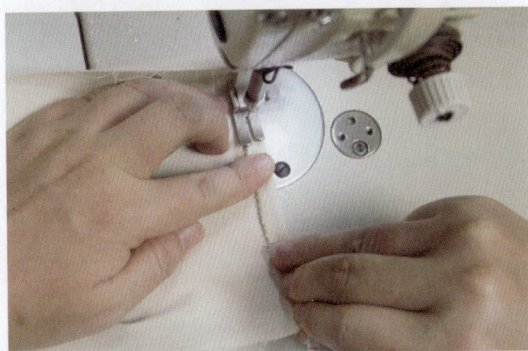

⑦ 拉长橡筋让布料折边平直，沿着布边 0.1cm 的位置把折边缝合，注意避免车到橡筋，要保证橡筋在折边中间可以活动。

⑧ 缝到结尾时，抬起压脚把布料再转 90°，把橡筋末端与折边末端一起车缝固定。橡筋末端露出布边 1cm，方便对位及让压脚压紧橡筋不走位。

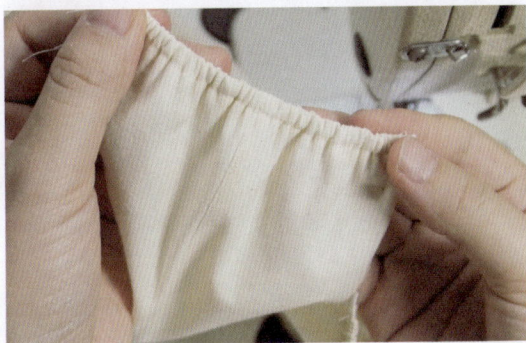

⑨ 车缝完成，橡筋松开后布料自然收皱。

缝包边

缝包边就是用布条把裁片的边缘包起来并缝住，让裁片正反面都呈平整光洁的状态。娃衣的包边一般都很窄，因此包边过程一般采用先缝包边的一面，再折好布边缝另一面的方法。具体操作如下。

1 准备需要包边的布条与裁片。布条长度 = 需要包边的长度 + 两个缝边，布条宽度 =（包边的完成宽度 + 缝边）×2。例如，需要包边的裁片长度为 15cm，缝边宽 0.5cm，包边的完成宽度为 0.5cm，那么包边布条的尺寸为：长 16cm × 宽 2cm。如果需要包边的裁片较厚，则可以给包边条的长和宽各加 0.2~0.3cm 的放量。

需要包边的裁片的反面朝上，包边布条反面朝上叠在裁片上，布条的上边缘与裁片边缘对齐，布条两头的末端要各超出裁片一个缝位（约 0.5cm）的长度。

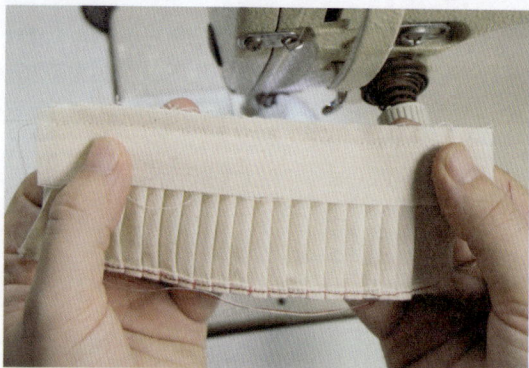

2 缝合包边布条与裁片，注意布条两头超出裁片的位置不车缝，并且缝线开头和结尾都要倒回针。

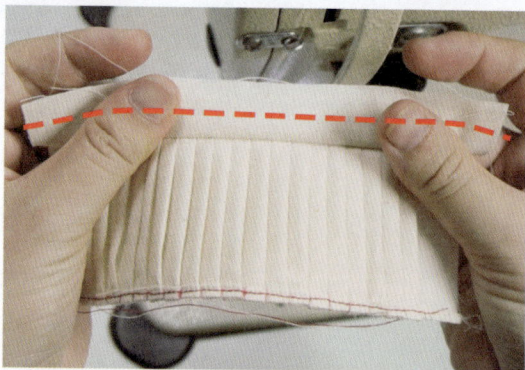

3 包边布条沿上一步车缝好的缝线往上翻折。翻折后再沿布条的中线（图示虚线）往下折一次。

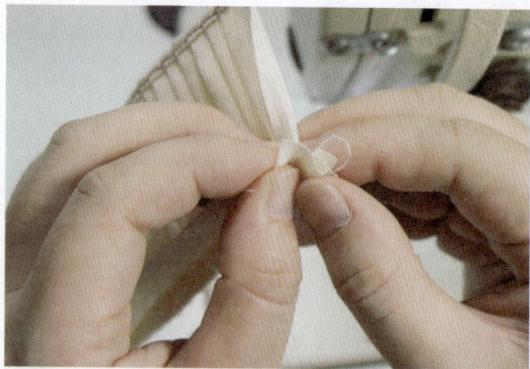

4 在上一步折好的基础上，把包边布条再往上折一次，折成 W 形。

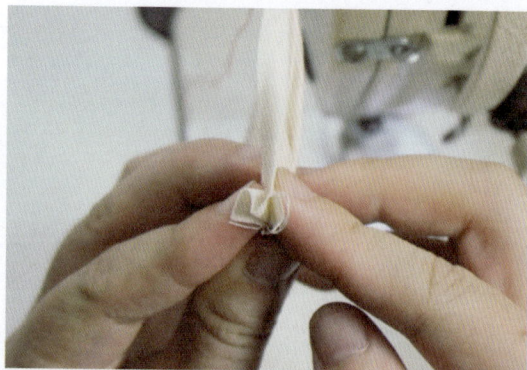

5 这是从侧面看，包边布条完全折好后的样子。整条布条都要这样折，两头都是这样呈 W 形。

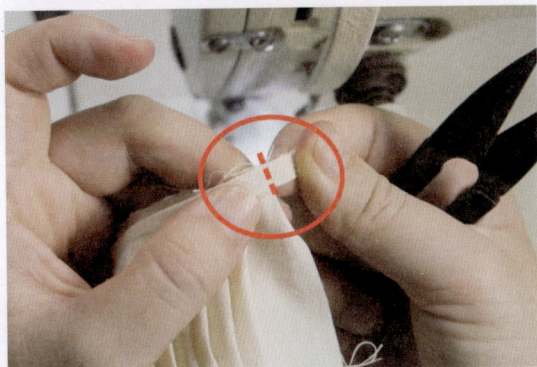

6 折好后压平布条，在布条两侧超出裁片的交界线上，各缝一条线固定布条。如果缝完后超出部分太多，可以修剪至 0.3cm 左右的长度。

7 用直头镊子捏紧上一步已经缝好的布条末端，将包边布条翻到正面。先翻两端，再整理中间的折边。

8 一端翻好的样子如图，此时从裁片正面看，布条的一边是与裁片缝合的，另一边是一个往内折的折边。将两端都翻好并且将包边布条的内折边压平整理好。

9 整理好布条上未车缝的内折边，保证折边可以盖住与裁片缝合的上一条缝线，在折边边缘 0.1cm 的位置缝一条明线，把布条缝合。

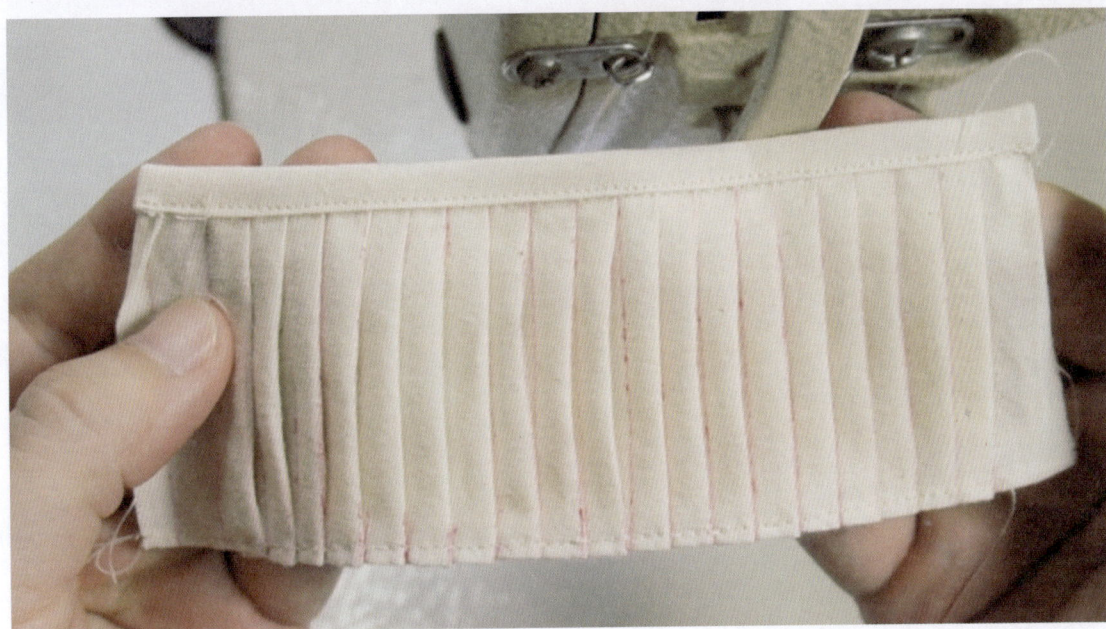

10 包边缝合完成。

2.2.1 牢固的起针

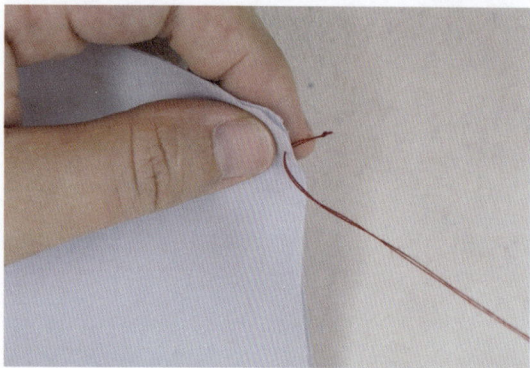

① 布料边缘对齐，打好结的针线穿过布料，先不要拉紧，在线结前留下一小段。

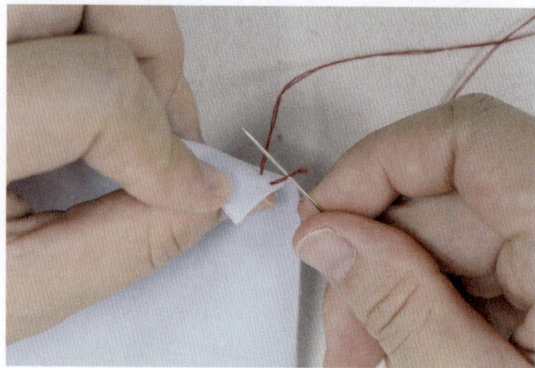

② 从起针位置旁边引线穿出，针穿过线结下面的线环，然后拉紧。

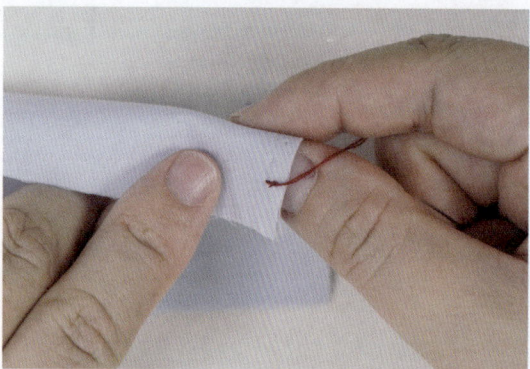

③ 拉紧后如图，这样的起针不受布料厚薄和疏密的限制，都可以保证缝线牢固。

提示：

本书实例中的各种手缝技法都采用这种起针方法，只有在布料正面起针和在背面起针的区别，"正面起针"指线结留在布料正面，"背面起针"指线结留在布料背面。

2.2.2 平针缝

① 在背面起针后，从背面往正面出针，缝出一道针脚。

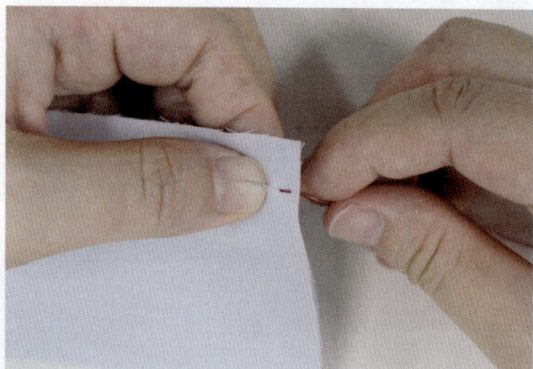

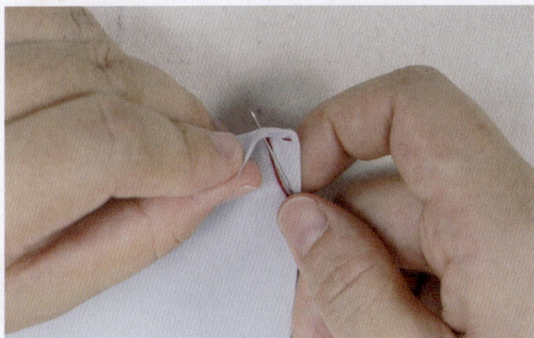

❷ 交替地一针从背面穿到正面、一针从正面穿到背面，直到完成缝合。

❸ 为了快速缝合，也可以先用针多次交替穿过布料，然后再一次把线拉出来。

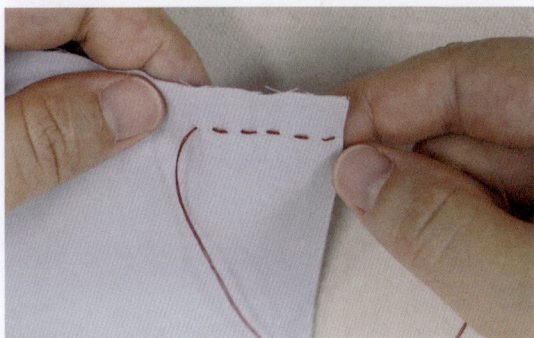

❹ 拉线后的效果。注意针距要统一，线要走平，这就是基础的平针缝法。每一针的针脚都要保持尽量一致的距离，这样缝出来才会好看。

❺ 结束时，在布料的背面，针紧靠最近的针脚放平，线绕针2~3圈。

❻ 绕圈后用手指紧紧按住针上的线环，另一只手捏着针把线拉出来，注意要拉紧。

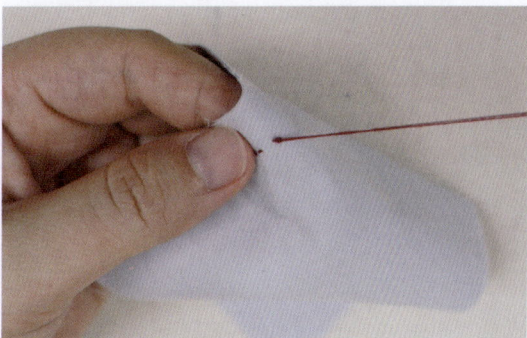

❼ 完全拉紧后形成线结，然后剪掉线头。

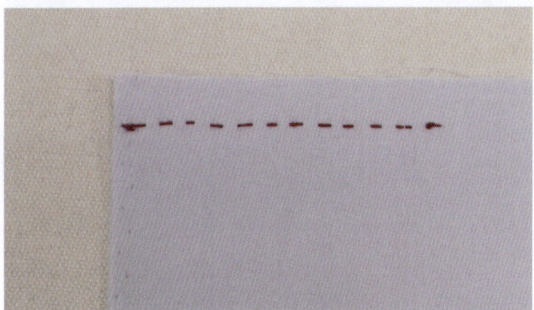

❽ 平针缝完成。

① 本案例通过将一块布料折成中间带折缝的效果，演示如何用暗针缝法将中间的缝封起来。

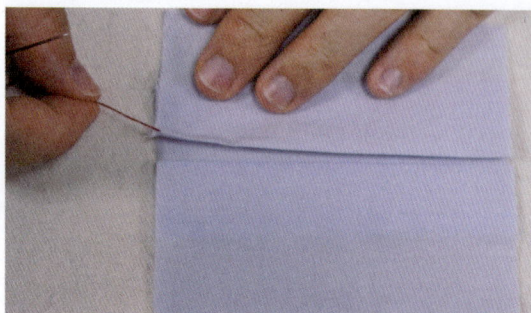

② 从上侧布缝背面往正面出针。

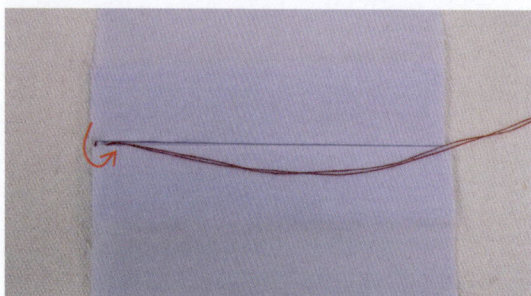

③ 线穿过下侧布缝，再在旁边穿出正面。

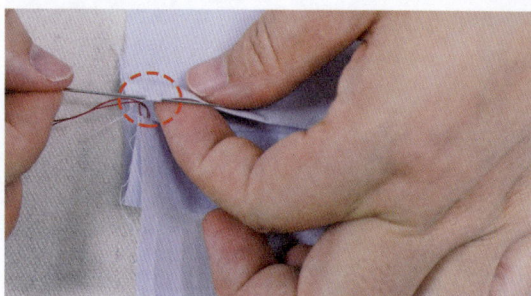

④ 往上侧布缝走一针再穿出来，可按图上的方法走线。

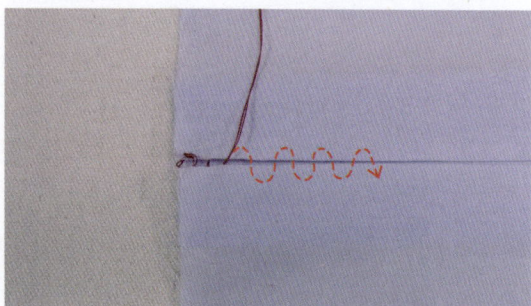

⑤ 用同样的方法，在布缝的上下两边交替穿缝。

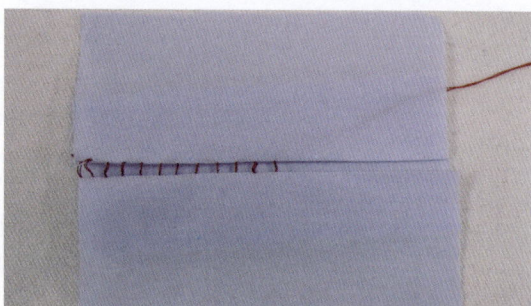

⑥ 缝完一段的样子。

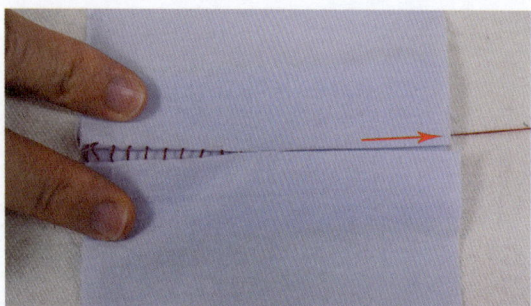

⑦ 把线拉紧，可以看见随着线的拉动，布缝闭合，针脚也被隐藏。

⑧ 完全拉紧线后，布缝也完全闭合，针脚全部藏在缝里面。之后在背面打结固定即可。

❶ 准备两侧已做卷边处理的布料与暗扣。一对暗扣分子扣与母扣，子扣即中间带凸点的扣子，母扣即中间带凹陷的扣子。缝暗扣时将一个缝在布料卷边的正面，另一个缝在卷边的反面，模拟真正缝在娃衣开口处的效果。

❷ 在需要缝暗扣的位置画上定位点标记。将两边缝边对齐来画点，一个点画在正面，另一个点画在反面。钉暗扣的位置下有两层布料，注意在后续的一些步骤里会提到"挑一层布料"，此时注意不要穿到两层布料，以免影响美观。

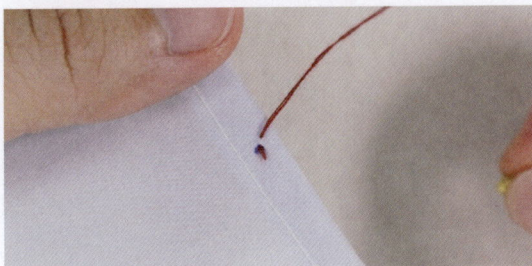

❸ 先缝位于布料正面的母扣。在正面标记点处起针，挑起一层布料在线结旁边穿出线。

❹ 母扣盖在线结上方，针穿过一个扣孔后将线带到布料背面，将母扣位置固定住。

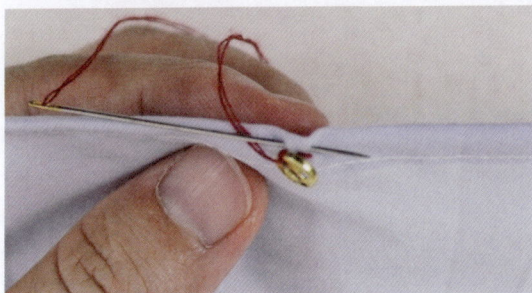

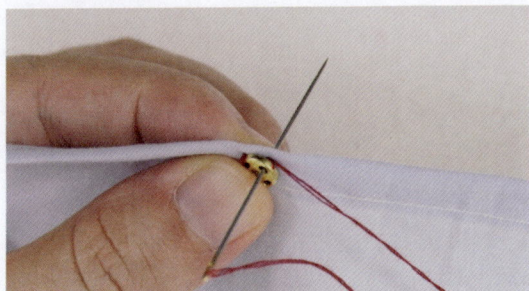

❺ 在背面走一针并穿过同一个扣孔从背面引线出来，然后在紧贴母扣的位置挑一层布料，将线带到旁边的扣孔下方。

❻ 针从正面穿过第二个扣孔，从布料背面引线穿出。

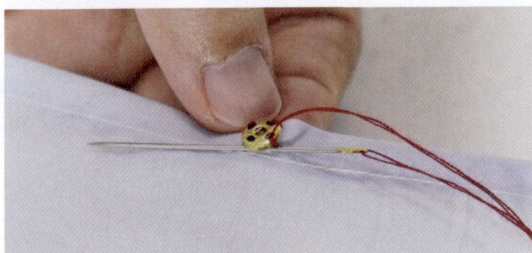

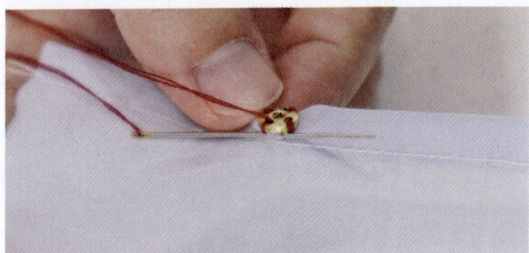

❼ 重复第 5 步和第 6 步，直到四个扣孔都缝完。

❽ 线从第四个扣孔穿到正面，在母扣旁边挑起一层布料，将线带到比较靠里面的一个扣孔下方。

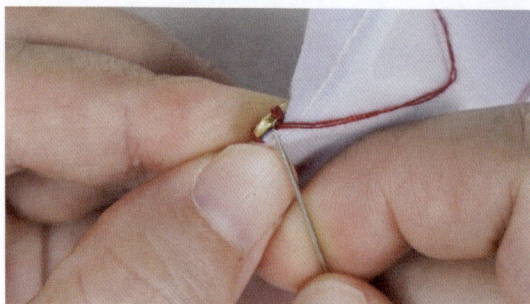

⑨ 针在紧靠线尾的位置挑起一点点布料。

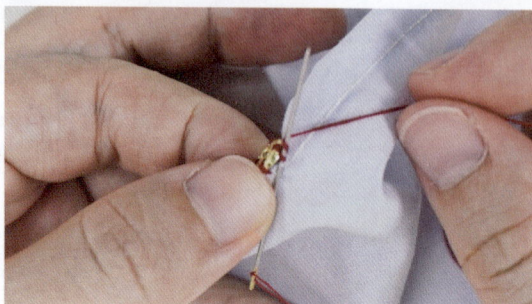

⑩ 针在扎着一点布料的状态下，线绕针两圈，一手按住线圈、另一手将针拉出，让线打结。

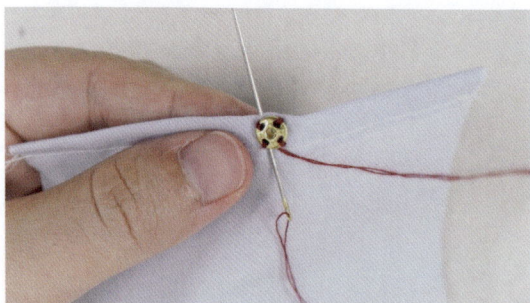

⑪ 此时线结打在布料正面，并被母扣盖住了。把针紧贴母扣底部穿过，但不要穿到布料背面去，把线头带到母扣底部。

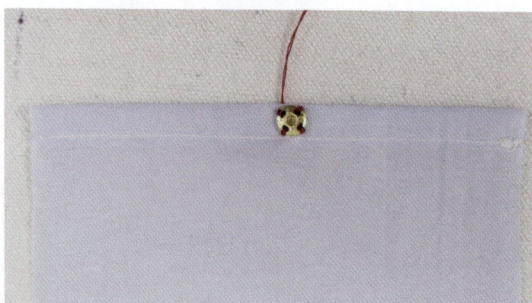

⑫ 将线拉出来并拉紧，紧贴母扣将线头剪掉，此时母扣就缝好了。

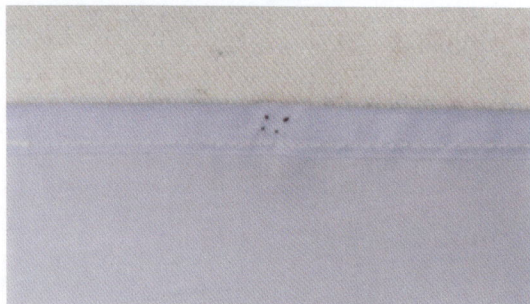

⑬ 由于线结都藏在母扣下方，布料背面只有几个针脚并且看不到线结。

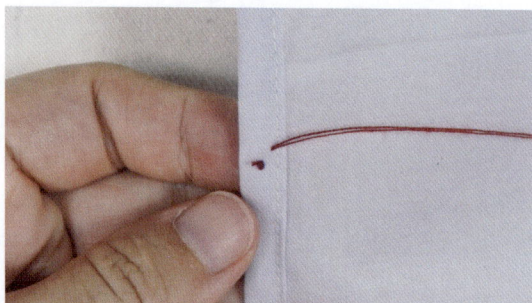

⑭ 开始缝位于布料背面的子扣。线打结后在背面的卷边上起针，注意在缝子扣的过程中，始终只挑卷边内的一层布，不能穿到布料正面，否则会影响美观。

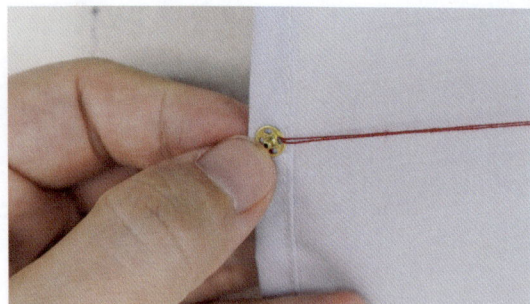

⑮ 子扣盖住线结放好，线穿过一个扣孔拉出。

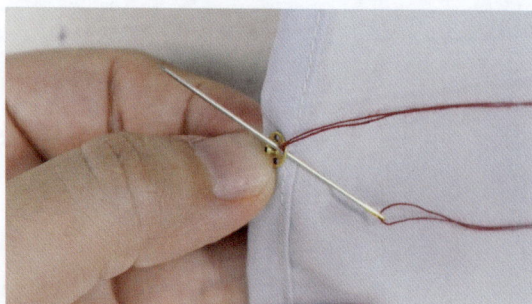

⑯ 针挑过一层布料后，从子扣背面穿过上一步的同一个扣孔，拉出引线。

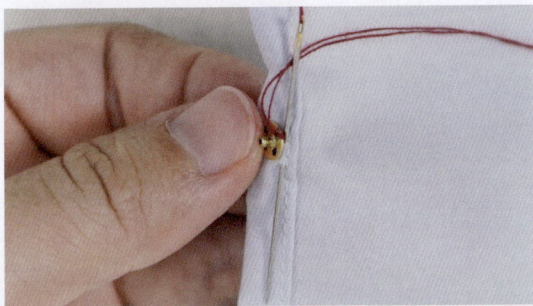

⑰ 针从子扣旁边挑过一层布料，穿到下一个扣孔下方，拉出引线。

⑱ 针从下往上穿过下一个扣孔，拉出引线。

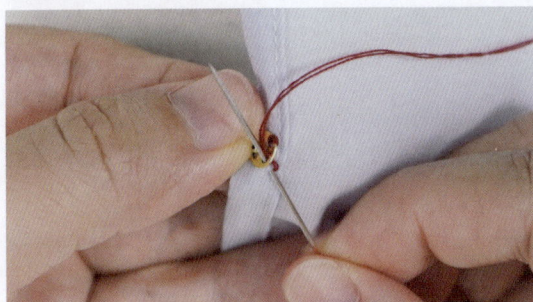

⑲ 重复第16~18步，直到四个扣孔都缝完。

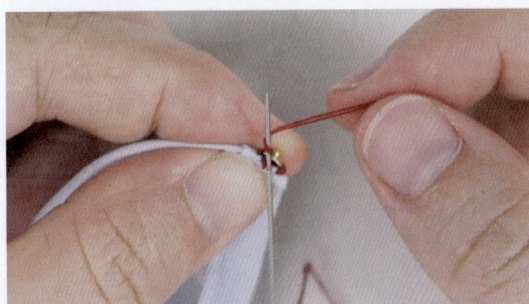

⑳ 针挑起紧贴子扣下方的一点布料，出一半针，线头绕针两圈。可以按照图中所示将布料往下折，以方便挑线。

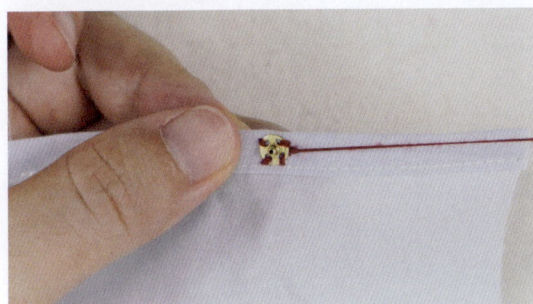

㉑ 一手按住线圈、一手拉针收紧线，形成线结收尾。

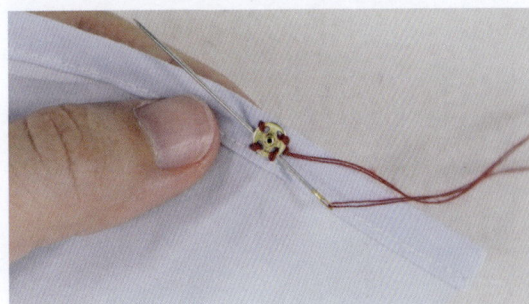

㉒ 针从子扣背面平穿过，注意不要穿到布料正面，然后拉紧线。

㉓ 紧靠子扣剪掉线头，子扣就缝好了。

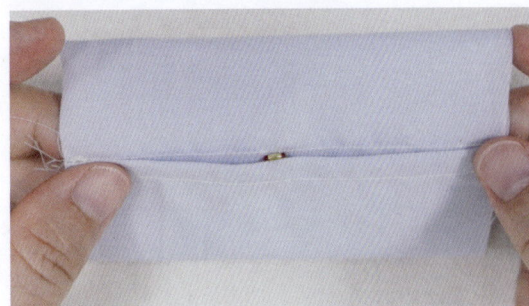

㉔ 一对暗扣都缝好的效果。扣合后在正面看不到暗扣的针脚，由于暗扣有厚度所以在侧面能看见一点点。

2.2.5 缝纽扣

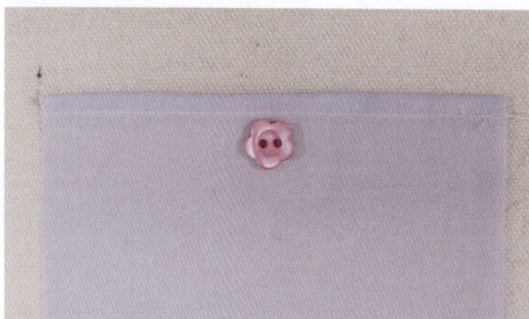

❶ 准备布料与纽扣。四分、六分娃衣一般使用直径 0.6cm 以内的迷你纽扣，并不适合如真人衣服般搭配扣眼来做衣服开口连接，纽扣更多的是用于装饰，因此无须考虑布料厚度，直接缝合固定纽扣即可。

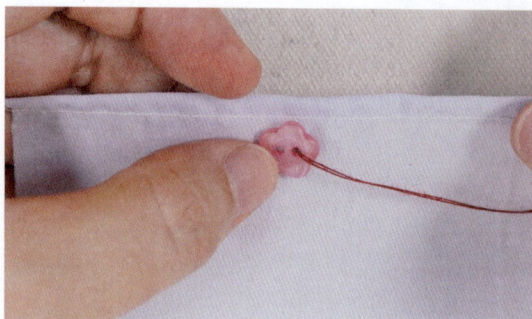

❷ 从布料背面起针，针穿过一个扣孔，拉出引线。

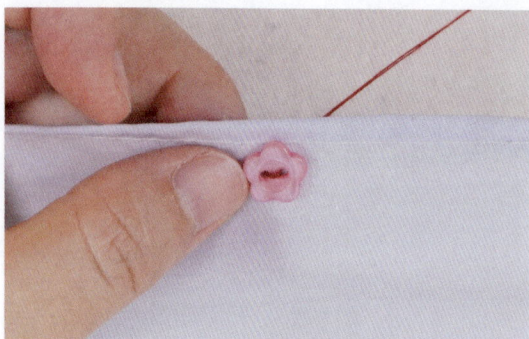

❸ 从正面穿过另一个扣孔，引线穿到布料反面并拉紧，固定纽扣的位置。

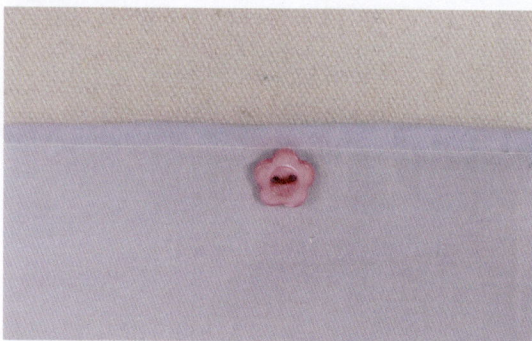

❹ 重复第 2、3 步两次，让纽扣更牢固，然后在背面打结并剪掉线头即可。

2.2.6 缝蝴蝶结

❶ 准备蝴蝶结和布料。从布料正面起针，线结固定在正面。

❷ 从中间靠近蝴蝶结祥的位置出针，拉出引线，把蝴蝶结固定好。

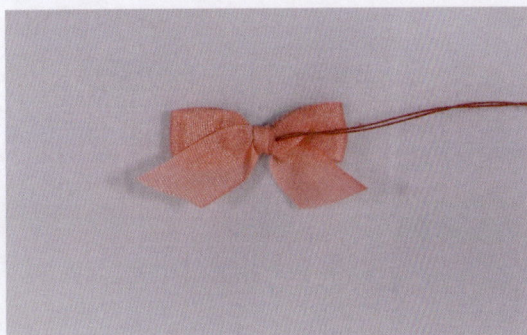

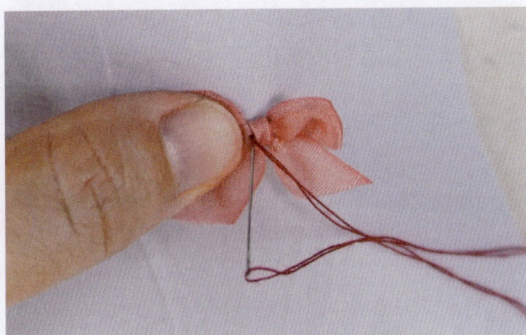

③ 在上一针的旁边入针，穿过蝴蝶结，引线到布料背面并拉紧。为了防止针脚露出，可以先将蝴蝶结衬往一边拨开一点，穿过针线后再拨回原位。

④ 针从蝴蝶结衬的另一侧穿出并拉出引线，穿到蝴蝶结正面。然后按照上一步的方法再次入针，把蝴蝶结缝紧。

⑤ 在背面打结并剪断线头，蝴蝶结就缝好了。调整好蝴蝶结衬的位置使其盖住针脚。

第 3 章

娃衣制作过程图解

Comibaby（四分巨婴）、Puyoodoll（四分熊妹）、
Rosenlied（四分巨婴）

教程说明：

1.所有款式都配了四分和六分两个尺寸的纸样（或裁片尺寸说明），请根据实际需要来选用。

2.四分和六分的做法是完全一样的，书中教程是按六分的尺寸拍摄的，外观及比例与四分尺寸版本可能稍有差异，但教程可以通用。

3.每套服装仅挑选了一种材料搭配来做教程款，同时附上几种不同的配色图供大家参考。大家也可以根据自己的设计另外配色，建议使用与教程相同材质的面料与辅料，以便达到比较理想的效果。

3.1 ▶▶ 元气少女服

Puyoodoll（四分熊妹、六分宝宝熊）、
Guard Love（四分圆润体）、少女鱼工作室（胖鱼体）

材料搭配
卫衣：熊猫图案小毛圈布。
百褶裙：棕色斜纹棉布。
袜子：格子印花针织布。
辅料：魔术贴。

材料准备：熊猫图案小毛圈布、魔术贴（尺寸详见纸样）。

① 按照纸样大小裁剪好卫衣裁片：前片1片、后片2片、袖子2片、领子1片、袖口边2片、下摆边条1片。

② 先把前片和后片裁片正面朝上放好，准备缝合。

③ 一边的后片与前片正面对正面对齐叠放，反面朝外，沿图示虚线缝合一侧的肩线，缝边宽0.5cm（以下各裁片的缝边宽度一般都是0.5cm，有特殊说明的除外）。

④ 图中为一边后片与前片肩线缝合好后，展开的样子。另一边的后片也是正面与前片正面对齐叠放，然后沿图示虚线缝合。

⑤ 图中为两边肩线都缝合好的样子。

⑥ 前片与后片左右肩都缝合后展开正面的样子。

⑦ 给车缝好的肩缝锁边，锁边时前片在上面，后片在下面。

⑧ 图中为肩缝锁好边后反面的样子。

⑨ 准备好两个袖子，正面朝上放置准备缝合。

⑩ 先缝一边袖子。袖子与衣身正面对正面叠放，反面朝外，边缘对齐，沿着图示虚线将袖子与衣身缝合。

⑪ 一边袖子与衣身车缝好并展开的样子。

⑫ 另一边袖子也用同样的方法与衣身缝合，图中为缝好后正面展开的样子。

⑬ 给缝好的袖缝锁边。

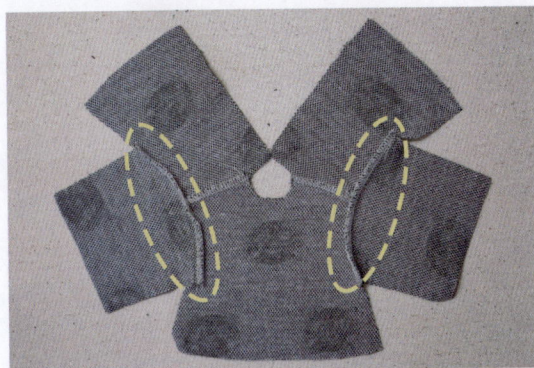

⑭ 把衣身与袖子锁好边的缝边熨烫平整，注意缝边要往衣身的方向折。

⑮ 准备好领子、袖口、下摆的裁片。

⑯ 把领子沿长边对折，正面朝外，接着沿图示虚线缝一条线固定住折边，缝边宽度大约 0.3cm。

⑰ 袖口、下摆裁片按照同样的方法，正面朝外沿长边对折，在边缘沿图示虚线缝一条线固定折边，缝边宽度大约 0.3cm。

18 领子带有缝线的边缘对齐衣身领口正面边缘，沿图示虚线缝合。

19 两边袖口带缝线的边缘对齐衣身袖口正面，沿图示虚线缝合。

20 领子、袖口边都拼接好后进行锁边，锁边时领子放上面，衣身压下面；袖口边放上面，袖子压下面。

21 图中为领子及两边袖口都锁好边的样子。

22 锁好边后把领口背面的缝边往下折，沿图示虚线在领口拼接缝下方0.1cm的位置缝一条明线固定折边。

23 领口车缝了明线的样子，这样领子的缝边就不会外翻了。

㉔ 图中为领口缝好的样子。同时把两边袖口背面的缝边往上折，即往袖子的方向折，用熨斗烫平整。

㉕ 图中为领口、袖窿、袖口都熨烫好且正面朝上展开的样子。

㉖ 一边的后片往前折，侧缝边及袖边与前片对齐，反面朝外，沿图示虚线缝合。

㉗ 图中为缝合后的样子。

㉘ 另一边后片也同样往前折，与前片的侧缝及袖边对齐，沿图示虚线缝合。

㉙ 图中为两边的袖子及侧缝都缝合好的样子。

㉚ 给侧缝锁边，锁边时前片放上面，后片压在下面。

㉛ 图中为两边侧缝都锁好边的样子。

32 准备好已按照第 17 步折好并缝好固定线的下摆。

33 下摆带缝线的边缘对齐衣身正面下边缘，沿图示虚线缝合。

34 给缝好的下摆缝边锁边，锁边时下摆条放在上面，衣身压在下面。

35 下摆背面的缝边往上折，并在正面将下摆熨烫平整。

36 给后片的后中开口边锁边，锁边时布料的正面朝上。

37 把两只袖子从反面翻到正面，整理平整。

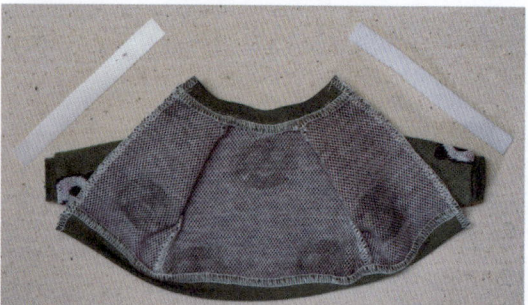

38 把衣服翻到反面朝上，并准备好魔术贴。

39 右边后中开口边的缝边往里折 0.5cm，用魔术贴的毛面部分盖住缝边，按图示虚线沿毛面魔术贴边缘 0.1cm 的位置缝一圈固定线。

④0 缝好魔术贴的右边后中开口边如图。按照相同的方法，把左边后中开口的缝边反面往外反折0.5cm。

④1 用魔术贴勾面部分盖住缝边。按图示虚线，沿勾面魔术贴边缘0.1cm的位置缝一圈固定线。

④2 图中为缝好魔术贴后，将后中开口对齐贴好的样子。

④3 翻到正面，卫衣就做好了。之后可以根据自己的喜好在卫衣上加上装饰。

3.1.2 百褶裙

材料准备：棕色斜纹棉布、魔术贴（尺寸详见纸样）。

① 按照纸样大小裁剪好裙子裁片：裙片1片、腰头1片，并根据纸样上的打褶记号在裁片上用热消笔或水消笔标记好打褶线。只需标记竖线，纸样上的斜线不用标记。

② 给裙子裁片的一条长边与两条短边锁边，已锁边的长边作为裙子的下摆，尚未锁边的另一条长边作为裙子的腰头，两条短边就是裙子的两边后中缝。

③ 图中为两边后中缝与下摆锁好边的样子。

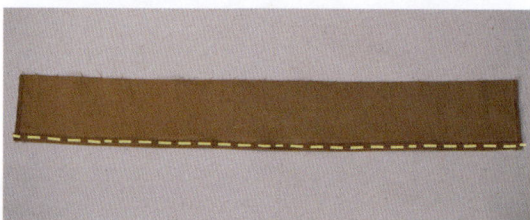

④ 裙子裁片反面朝上，下摆部分往上折0.5cm，沿图示虚线在距离折缝边缘0.1cm的位置缝一条固定线。

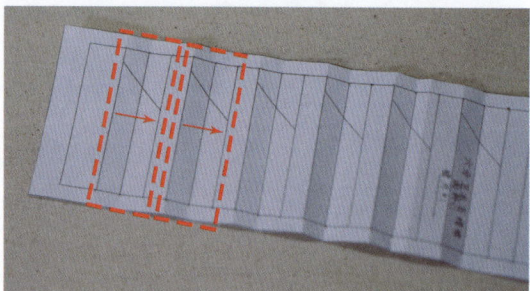

⑤ 纸样上中间画有斜线的三条打褶线构成一个褶，褶子方向参照中间斜线的倾斜方向。把斜线高的一侧褶线对齐并叠向斜线低的一侧褶线，每组褶线的折法相同。

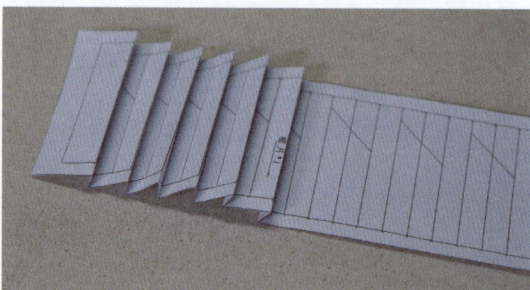

⑥ 纸样褶子的折法示意，裙子裁片也按此方法沿裁片上画好的打褶线来折。

⑦ 一边给裙子折褶子，一边沿着图示虚线，即腰头边缘0.3cm的位置车缝一条直线固定褶子。

⑧ 裙子腰头部分的褶子缝完后，按照裁片上画的褶线整理好褶子，并按图示虚线在裙子下摆距离边缘约0.6cm的位置缝一条线作为辅助线，避免熨烫褶子时裙褶错位。这条辅助线在裙子做好后是要拆掉的，因此建议将缝线换成其他颜色，方便之后的拆线操作。

9 褶子固定好后，用熨斗整烫，一定要把每个褶子都烫平，才会有百褶裙的效果。

10 图中为裙片上每个褶子都熨烫平整的样子。

11 腰头裁片反面朝上放置，将长边往里折 0.5cm，并把折边压平。

12 为了避免折边翘起，可以把腰头裁片翻到正面，并用熨斗熨烫平整。

13 裙子裁片正面朝上放置，把左侧中缝往上折进 0.5cm，右侧中缝往下折进 0.5cm。为了避免折边翘起，可以熨烫一下折边。

14 拿出第 12 步中熨烫平移的腰头裁片，将其翻到反面朝上放置，注意带折边的一边放在下方。

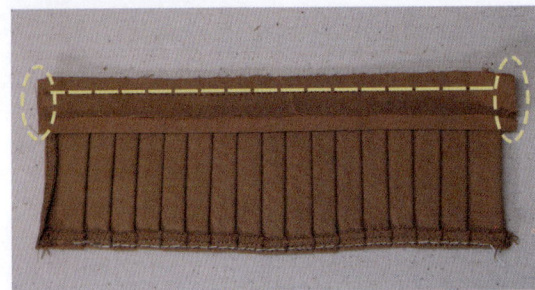

15 裙片翻到反面朝上，将腰头叠放到裙子裁片上，上边缘对齐，腰头两端各超出裙片边缘约 0.5cm，留待之后处理腰头接口。沿图示虚线缝合腰头和裙片。

16 腰头与裙片缝合后，把腰头紧贴缝线往上翻折，注意之前的折边保留不要打开。

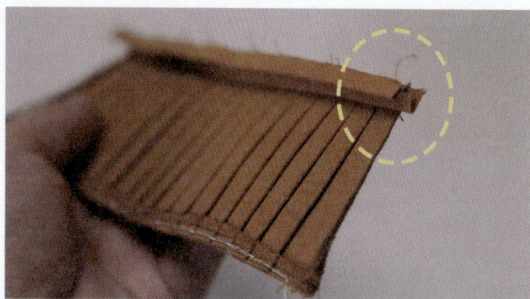

⑰ 将腰头沿着缝边再往回对折。折好后的腰头从侧面看，如图呈 W 形折线叠于裙片背面。

⑱ 腰头折好后把折痕压平，裙片背面朝上，在腰头两端沿图示虚线各缝一条线。

⑲ 翻折腰头，把腰头折边往裙片正面翻折，原来超出裙片的腰头两端翻到折边里面。

⑳ 在裙子的正面，整理腰头上未车缝的内折边，使其可以盖住裙片的上一条缝线，并沿图示虚线缝合腰头。

㉑ 腰头处理好后，把之前车缝在裙子下摆处用于固定褶子的辅助线拆掉。准备好要缝合在后中缝处的魔术贴。

㉒ 先缝合勾面魔术贴。裙片正面朝上，把勾面魔术贴完全覆盖住左侧的后中折边，沿着勾面魔术贴边缘 0.1cm 的位置缝一圈固定线。

㉓ 再缝合毛面魔术贴。裙片反面朝上，把毛面魔术贴的边缘对齐后中的折边线，沿着毛面魔术贴边缘 0.1cm 的位置缝一圈固定线。

㉔ 贴好魔术贴，翻到正面，百褶裙制作完成。

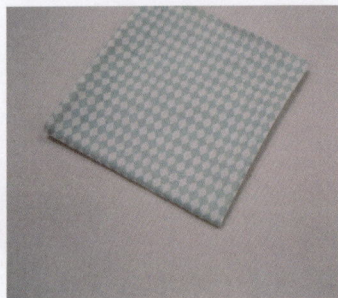

材料准备：格子印花针织布。

❶ 按照纸样大小裁剪好 2 片袜子裁片。

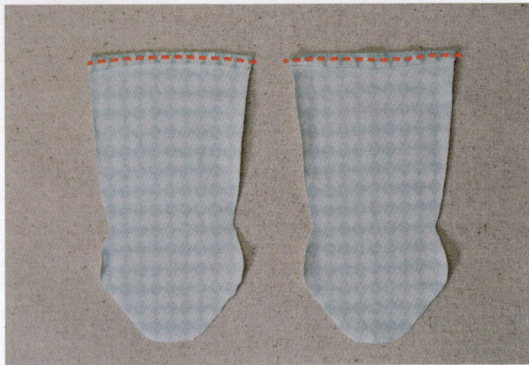

❷ 反面朝上，把袜口往下折 0.5cm，沿图示虚线缝线固定折边。为了让袜口保持一定弹性，在缝这条线时要稍微拉开布料来缝。两只袜子的袜口缝法相同。

❸ 图中为袜口缝好的样子。如果折边翘起，可以用熨斗熨烫平整。

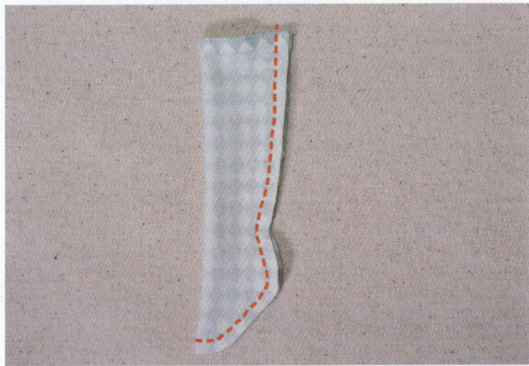

❹ 沿中间对称线对折袜子裁片，裁片反面朝外，沿着图示虚线缝合，缝边宽度 0.5cm。

5 将袜子侧缝 0.5cm 宽的缝边用剪刀修窄至 0.25cm 左右。

6 把袜子从反面翻到正面，一只袜子就做完了。按照相同的方法完成另一只袜子的制作。

3.1.4 配色参考

Rosenlied（四分巨婴）、Puyoodoll（四分熊妹）
DollVillage（六分）、Rosenlied（六分）、Comibaby（六分）

材料搭配

娃娃衫、南瓜裤、头带里布：黄白条纹棉布。

头带：白色短毛绒布。

袜子：白色单面汗布。

辅料：0.5cm 橡筋、0.3cm 橡筋、0.5cm 绑带、魔术贴。

3.2.1　插肩娃娃衫

材料准备：黄白条纹棉布、0.3cm 橡筋、魔术贴（尺寸详见纸样）。

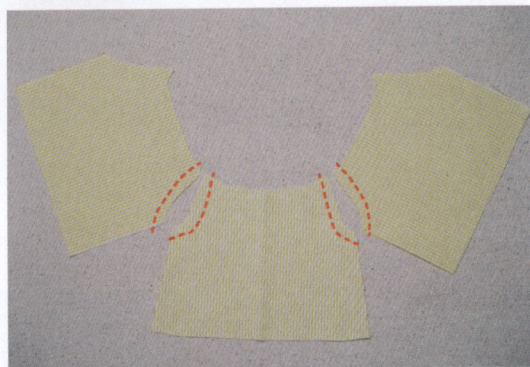

① 按照纸样大小裁剪好娃娃衫的裁片：领子 1 片、前片 1 片、后片 2 片、袖子 2 片。

② 准备好前片和两个袖子裁片，正面朝上摆放，准备将袖子的前袖山线与前片的袖窿线缝合。

③ 先缝合一边袖子。袖子反面朝上叠到前片上，前袖山线与前片袖窿线对齐，沿图示虚线缝合，缝边宽 0.5cm。

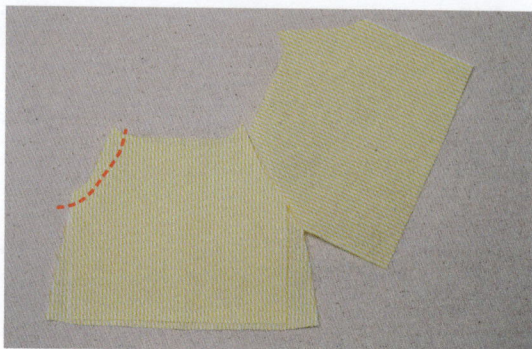

④ 另一边袖子也按照相同的方法缝合好。

⑤ 图中为两边的袖子与前片缝合后打开的样子。

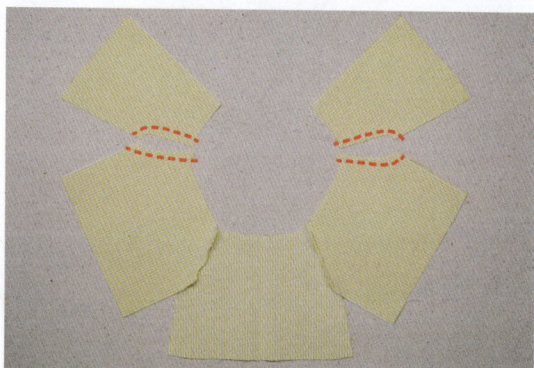

⑥ 准备好两片后片，后片袖窿线对准袖子的袖山线，在反面沿图示虚线将两组裁片缝合。

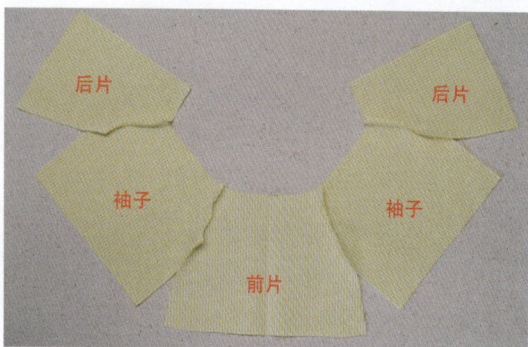

⑦ 两边的袖子与后片缝合后，反面朝上展开的样子。

⑧ 分别给前片与袖子的拼缝、后片与袖子的拼缝锁边。

⑨ 给两边的袖口、两片后片的后中开口边锁边。图中为全部锁好边的样子。

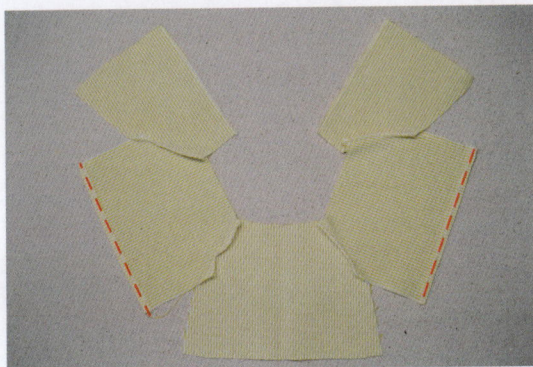

⑩ 衣片反面朝上，把两边袖口的边缘往上折 0.5cm，按图示虚线两边各缝一条线。

⑪ 量一下娃娃的手腕围，按照腕围 +2cm 的长度剪两条 0.3cm 的橡筋，在每条橡筋的两头各做一个标记，标记点距离橡筋末端 1cm。之后将橡筋拉开并缝到袖口标记虚线的位置，橡筋的两个标记点与袖口两端对齐。

⑫ 缝橡筋的方法可以参考 59 页"直接车缝橡筋"中的讲解。两边袖口橡筋的车缝方法相同。

⑬ 图中为袖口处理完以后的样子。接下来准备好领子裁片。

⑭ 按照纸样，在衣身领口上画出标记点，分别标记两边后中开口处缝魔术贴的位置点、衣身前片领口中心点。

⑮ 按照纸样，在领子相对应的位置处也做好标记。

🔟 在衣身领口做抽褶处理，抽褶的起止点分别是两边后中开口魔术贴的位置标记点。抽褶的方法参考 56 页和 57 页中"手工抽褶"和专用压脚抽褶的相关介绍。

🔟 调整抽褶的长度，抽褶后的衣身领口与领子的长度一致。

🔟 衣身反面朝上，两边后中开口的边缘往内折 0.5cm。

🔟 领子反面朝上叠到衣身反面上方，领子上边线与衣身领口对齐，三处标记点各自对齐并用珠针固定。领子两端各比衣身后中开口折边后的边缘长出 0.5cm。

🔟 将已对齐的领口沿图示虚线进行缝合。

🔟 在衣身的反面，把已缝好的领子按图折成 W 形折线，折痕尽量压平整。

㉒ 保持领子上的折线不散开，在两端超出衣身的位置各缝一条线。

㉓ 把领子往衣身正面翻折，领子两端的缝边以及正面的折边都翻到领子里面。

㉔ 在衣身正面整理领子，让领子的内折边盖住领口车缝线，然后沿图示虚线缝一条固定线。

㉕ 图中为领子缝好以后的样子。

㉖ 衣片反面朝上展平，把后片折到前片的下方，与前片的侧缝对齐，袖子的两条边也对齐。

㉗ 在衣片反面，从袖口的位置起针，沿图示虚线把袖子、前片与后片侧缝缝合。两边侧缝的缝合方法相同。

28 图中为两边侧缝缝合后的样子。

29 把衣服的前片朝上放置，给两边侧缝与袖子锁边。

30 衣服下摆也进行锁边。图中为锁好边的样子。

31 衣服反面朝上，把下摆边缘往上折 0.5cm，沿图示虚线将折边缝合。

32 图中为缝好下摆的样子。拿出魔术贴准备缝合。

33 衣服反面朝上，用毛面魔术贴覆盖住右侧后中开口的 0.5cm 折边并对齐，沿着毛面魔术贴边缘 0.1cm 的位置缝一圈固定线。

34 衣服翻到正面朝上，用勾面魔术贴对齐另一边后中开口的 0.5cm 内折边，沿着勾面魔术贴边缘 0.1cm 的位置缝一圈固定线。

35 贴上魔术贴并翻到正面，娃娃衫就做好了。之后可以参照本书后面的配件教程制作搭配配件，也可以按照自己的设计在上面缝上装饰。

材料准备：黄白条纹棉布、0.3cm 橡筋、0.5cm 橡筋。

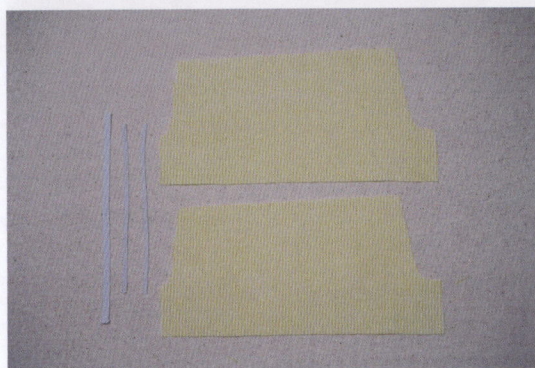

❶ 按照纸样大小裁剪好南瓜裤的裁片：裤子裁片 2 片，用于腰头的 0.5cm 橡筋 1 条，长度为娃娃的腰围 +2cm；用于裤口的 0.3cm 橡筋 2 条，长度均为娃娃的大腿围 +1cm。

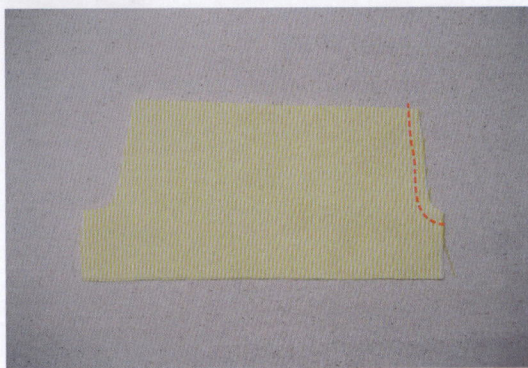

❷ 将两块裤子裁片的正面相对、反面向外重叠对齐，沿图示虚线缝合前裆线，缝边宽度 0.5cm。

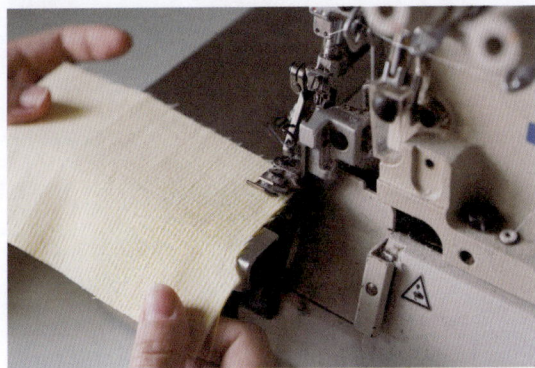

❸ 给缝合的前裆线锁边。

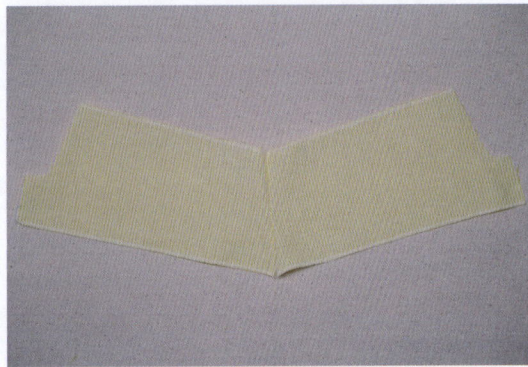

❹ 前裆线锁好边后，展开裁片给腰头以及左右裤脚口锁边。图中为锁好边后的样子。

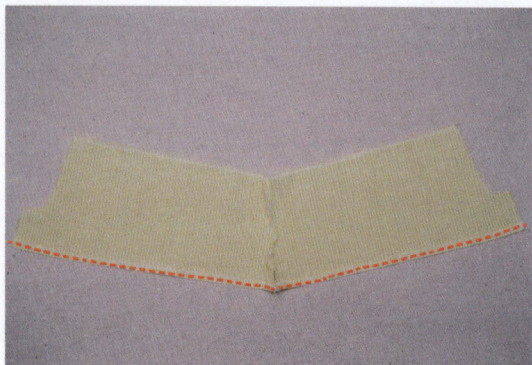

⑤ 把裁片展开，让反面朝上，将两个裤脚口的缝边往上折 0.5cm，沿图示虚线缝合折边。

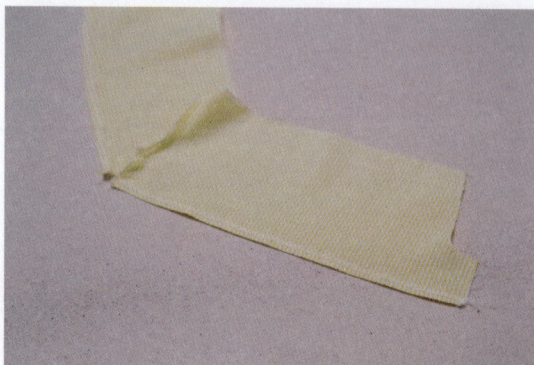

⑥ 图中为两边裤脚口缝好的样子。

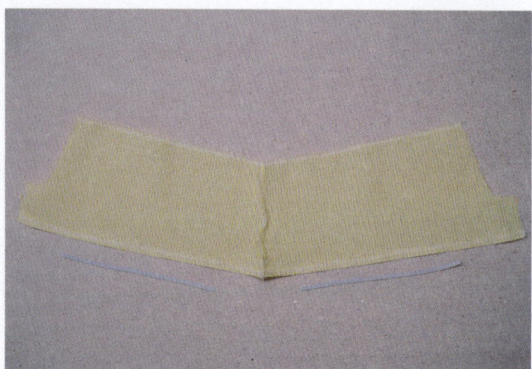

⑦ 准备好用于裤脚口的 0.3cm 的橡筋。

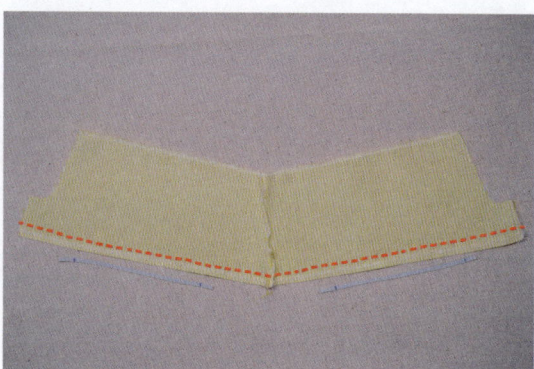

⑧ 量一下娃娃的大腿围，按照大腿围 +1cm 的长度剪两条 0.3cm 的橡筋，在橡筋两头各做一个标记，每个标记距离橡筋末端 1cm。将橡筋拉开并缝到裤脚口标记虚线的位置，橡筋的两个标记与裤脚口两端对齐。

⑨ 缝橡筋的方法参考 59 页的"直接车缝橡筋"。图中为两边裤脚口橡筋缝好的样子。

⑩ 准备好 0.5cm 的橡筋，量好娃娃的腰围和臀围，再量一段长度等于娃娃腰围的橡筋先不剪断，测试这段橡筋是否可以拉开到大于臀围的长度，如果可以，就按照腰围 +2cm 的长度剪断橡筋；如果不可以，则需要适当延长橡筋长度。剪好橡筋后，在两端 1cm 的位置分别画上标记。

⑪ 裤子反面朝上，腰头缝边往下折 1cm，把橡筋夹在折边里面并缝合橡筋两端以及折边，注意，不要车缝到折边中间的橡筋。详细的车缝橡筋的方法请参考 60 页的"折边夹缝橡筋"。

⑫ 腰头橡筋缝好后，两边的腰头在后裆线的位置对齐折叠，沿着图示虚线缝合后裆线。

⑬ 给缝合好的后裆线锁边，从后中裆底起针，往后中腰头的方向走线。

⑭ 把裤腿往两边展开，裆缝在中间，前后内裆对齐，沿图示虚线缝合内裆缝。

⑮ 给缝好的内裆缝锁边。

⑯ 把裤子翻到正面，南瓜裤制作完成。

材料准备：黄白条纹棉布、白色短毛绒布、0.5cm 绑带。

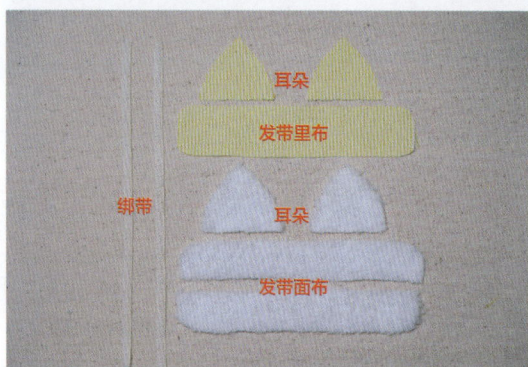

① 按照纸样大小裁好发带裁片，其中棉布裁片有：猫耳朵 2 片、发带里布 1 片；毛绒布裁片有：猫耳朵 2 片、发带面布 2 片；另有绑带两条，每条含缝份长度为 20cm。

② 先制作猫耳朵，将一片毛绒布猫耳与一片棉布猫耳正面朝上放置，准备缝合。

③ 将棉布猫耳反面朝上叠放到毛绒布猫耳上，沿图示虚线缝合，缝边宽度 0.5cm。

④ 缝好后用剪刀修剪掉顶部尖角，注意不要剪到车缝线，然后将猫耳翻到正面。按照相同的方法制作另一只猫耳。

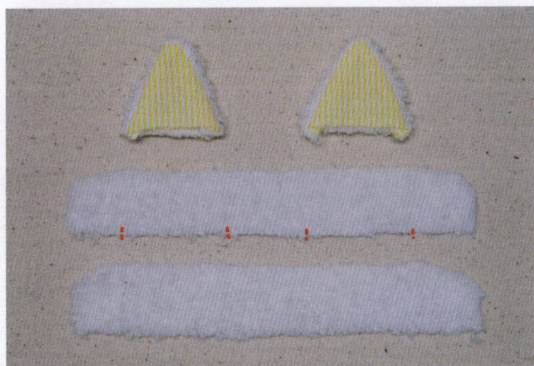

5 做好的两只猫耳朵如图。拿出两片毛绒布发带裁片，按照纸样上的标记，在其中一片发带的边缘用热消笔或水消笔画出猫耳朵的位置标记。注意要画在没有圆角的那一条边上。

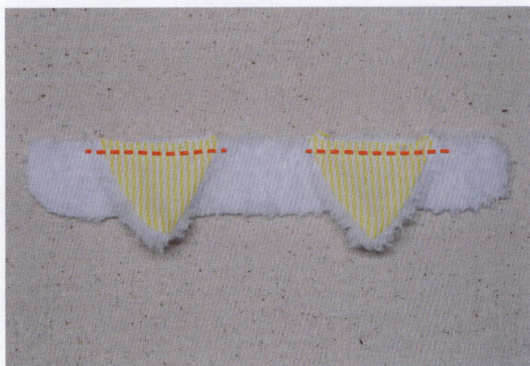

6 按照画好的位置标记点，把两个猫耳朵按照图示虚线缝在发带上，缝边宽度约 0.3cm。

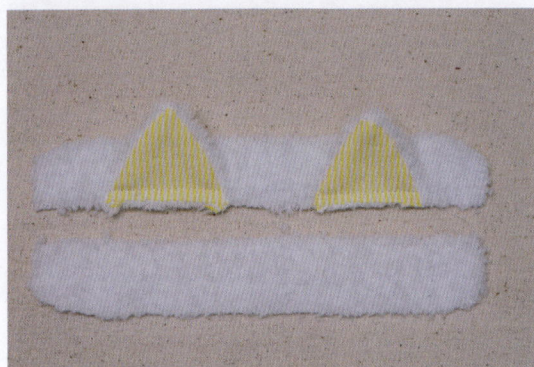

7 图中为猫耳朵缝好的样子。准备另一片毛绒布发带裁片，两条没有圆角的长边相对，准备将两条边缝合。

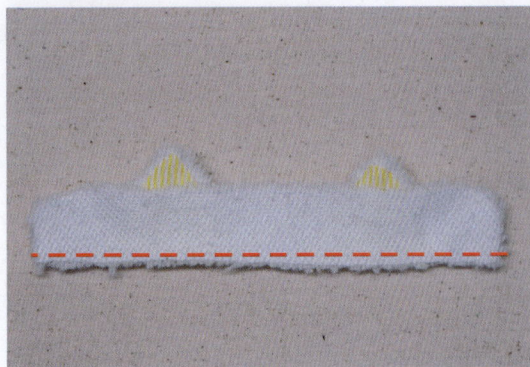

8 两片发带面布的正面对正面叠放对齐，将猫耳朵夹在中间，反面朝外，沿图示虚线缝合。

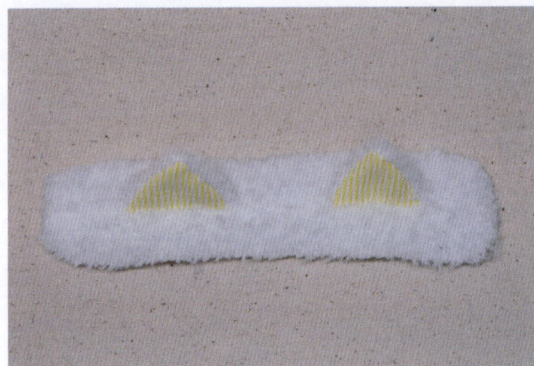

9 车缝后展开，两个猫耳朵就固定好在发带正面的中线上了。

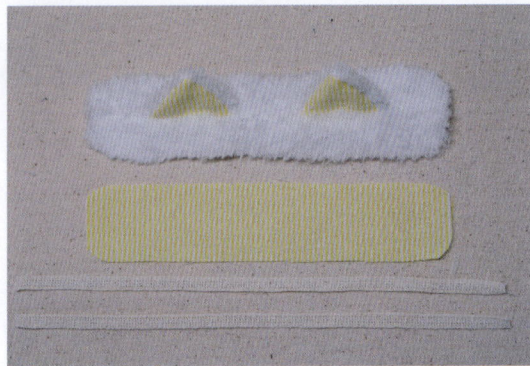

10 拿出发带的里布与绑带，准备缝合。

⑪ 把绑带缝在发带正面的两边。

⑫ 图中为发带两端缝好的样子。拿出发带里布裁片,反面朝上放置,准备缝合。

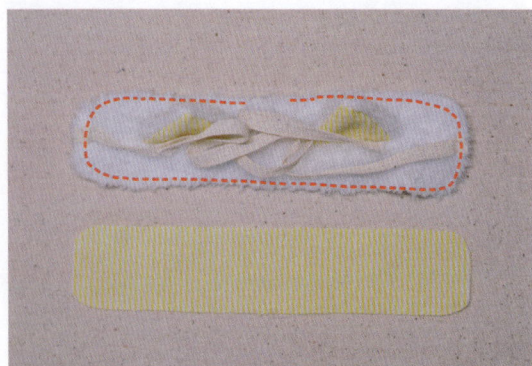

⑬ 将绑带整理到发带面布中间,不要超出图示虚线范围。之后沿虚线将发带的面布与里布缝合。

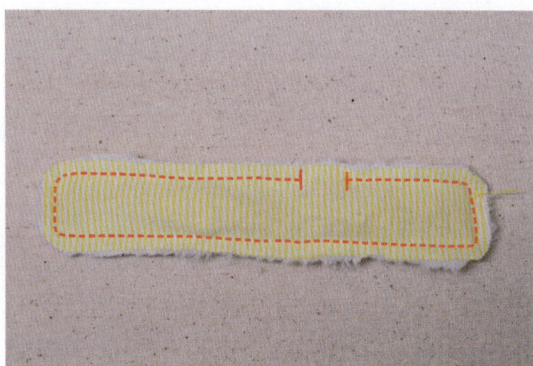

⑭ 发带里布反面朝上,叠放到发带面布上,把猫耳朵以及绑带夹在中间,对齐边缘并沿图示虚线缝合。在发带中间留 1~1.5cm 的开口不缝,后面用于翻面。

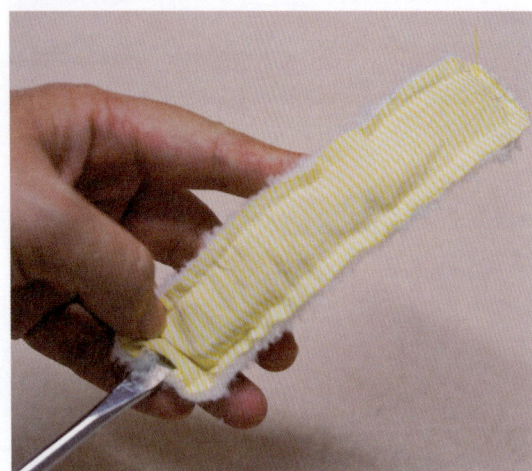

⑮ 用小螺丝刀或其他细棒形工具,从发带的一端戳向中间的开口,把发带翻到正面。

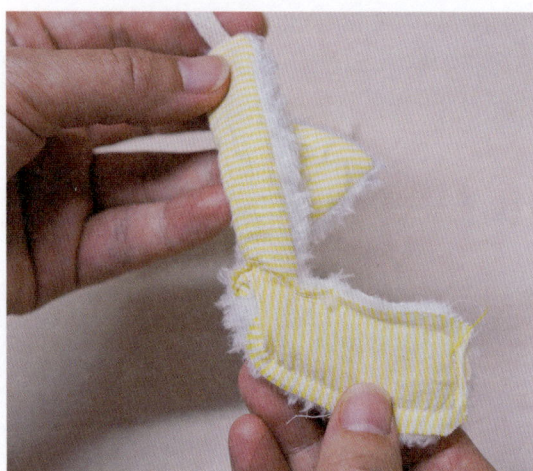

⑯ 先翻出发带的一端,并整理好形状。

⑰ 按照相同的方法把发带的另一端也翻过来。

⑱ 两端都翻出来后，把发带整理平整，并将中间未缝的开口边缘向里折平。

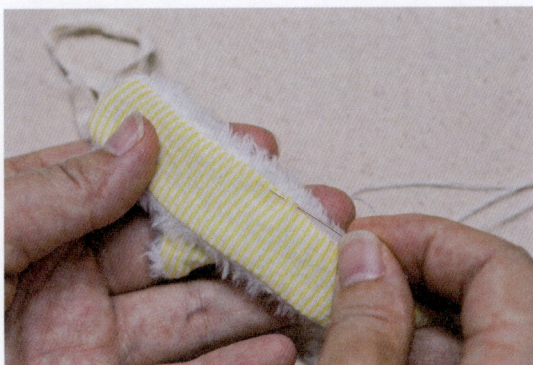

⑲ 用藏针法手工缝合发带上预留的开口。

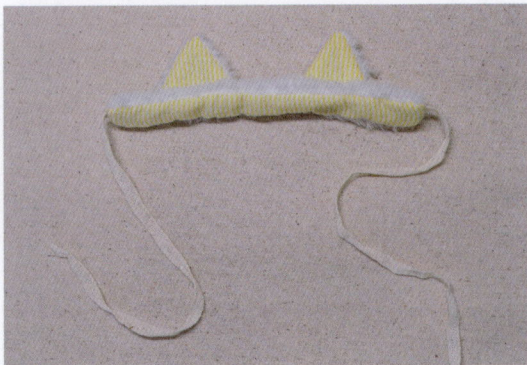

⑳ 这样发带就制作完成了。

3.2.4 短袜

材料准备：白色汗布。

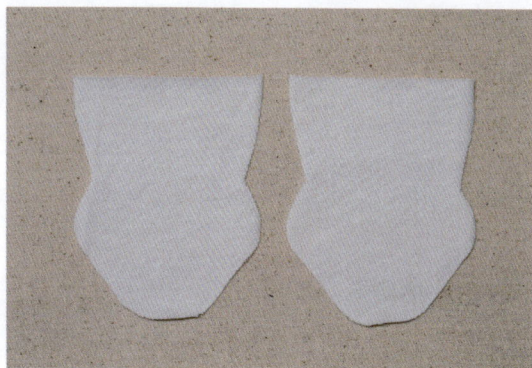

1 按照纸样大小裁剪好袜子的裁片，左右两只袜子的裁片是一样的。

2 反面朝上，把袜口往下折0.5cm，在距离袜口边缘0.1cm的位置车缝一条固定线。为了让袜口保持一定的弹性，稍微拉开布料车缝这条线。

3 袜口车好后熨烫一下，让袜口更平整。

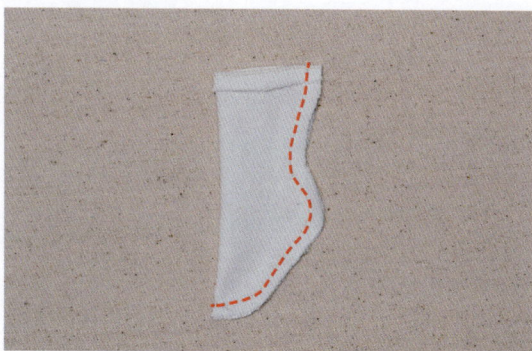

4 将袜子裁片沿中间对称线对折，裁片反面朝外，沿着缝边弧度缝合，缝边宽度0.5cm。

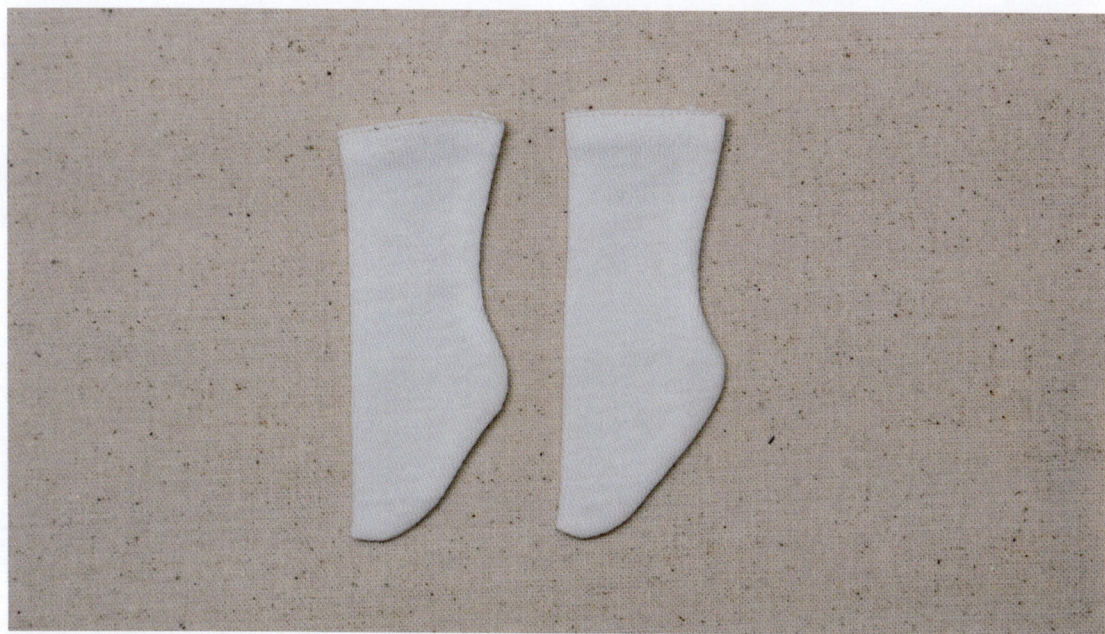

5 将缝边用剪刀修窄至0.25cm左右，之后把袜子从反面翻到正面即可。另一只袜子的制作方法与此相同，完成袜子的制作。

Comibaby（四分巨婴）、Puyoodoll（四分熊妹）、
Rosenlied（四分巨婴）

材料搭配
衬衫：条纹提花布、白色棉布。
背带裤：红底点点色织布、红白格子布。
帽子：红底点点色织布、红白格子布、
米色毛绒布。
袜子：红底白点针织布。
辅料：0.3cm橡筋、暗扣。

3.3.1 长袖衬衫

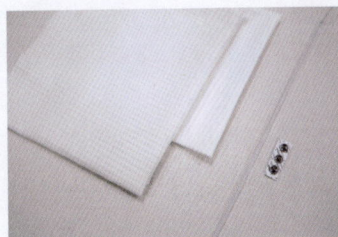

材料准备：条纹提花布、白色棉布、
0.3cm橡筋、暗扣3对。

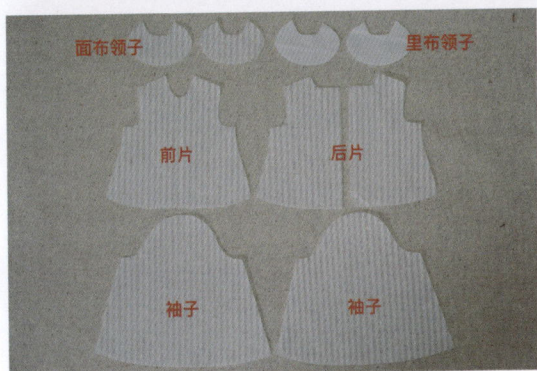

面布领子　里布领子

前片　后片

袖子　袖子

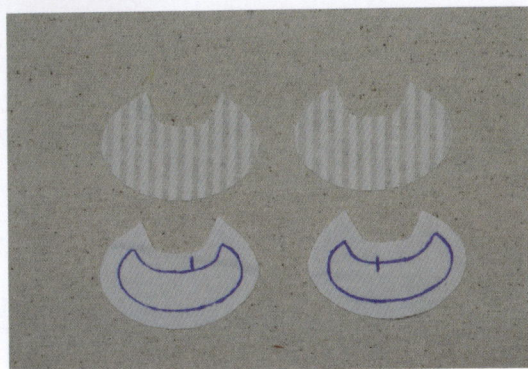

❶ 按照纸样大小裁剪好衬衫的裁片：面布领子 2 片、里
布领子 2 片、前片 1 片、后片 2 片、袖子 2 片。

❷ 将里布领子的反面用热消笔按照领子净版的形状画好
并做好肩缝标记。

③ 先做一边领子。一片面布领子正面朝上、一片里布领子反面朝上放置。

④ 将里布领子叠在面布领子上面，边缘对齐后，沿着图示虚线缝合领子外沿。

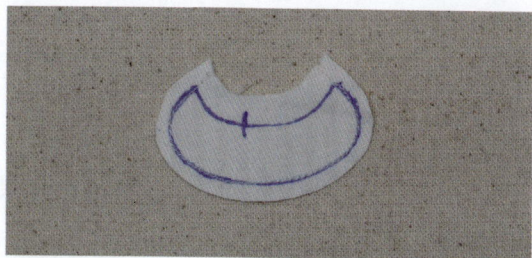

⑤ 缝合后将领子外沿的缝边用剪刀修窄至 0.2~0.3cm。

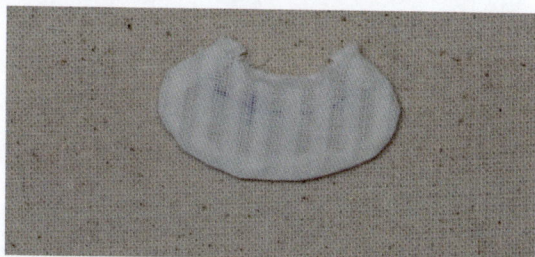

⑥ 将领子从反面翻到正面。

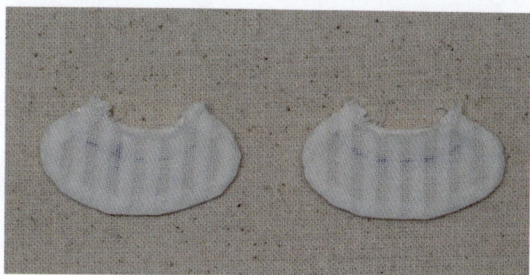

⑦ 按照相同的方法创作另一边领子。

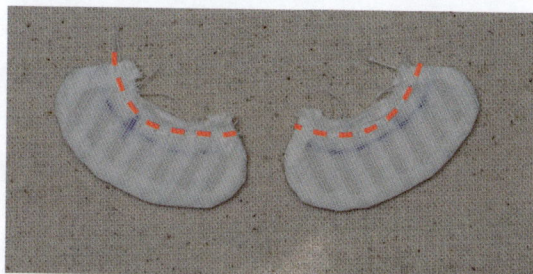

⑧ 沿着图示虚线，在两个领子的内弧线上缝一条线，缝边宽约 0.3cm。

⑨ 准备好衬衫的一片前片、两片后片，正面朝上放置。

⑩ 将后片叠在前片上，正面与正面相对、反面朝外，从肩线、袖窿线到侧缝线重合对齐。

⑪ 两片后片都以同样的方式与前片对齐叠放，正面对正面，反面朝外。

⑫ 沿图示虚线缝合两边的肩缝线，缝边宽 0.5cm。

⑬ 给缝合好的肩缝锁边，锁边时前片在上面，后片压下面。

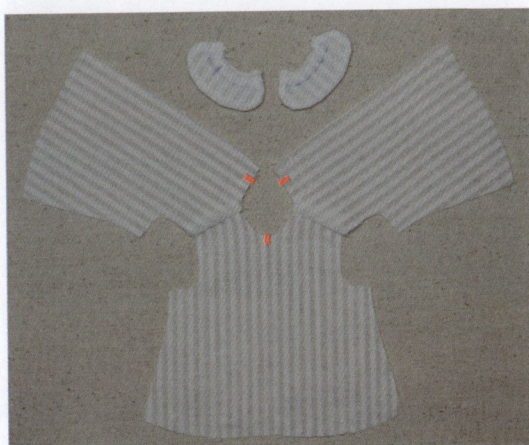

⑭ 将两个肩缝打开铺平，在前片领口中心点位置做好标记，开始缝领子。

⑮ 将做好的两个领子与衣身领口对齐，区分好前后领，领子肩缝的标记对齐衣身的肩缝。沿着图示虚线缝合领子与衣身。

⑯ 图中为领子缝合后的样子，领子两边的标记刚好与肩缝重合。

⑰ 给缝好领子的领口锁边，锁边时领子在上面，衣身压下面。

⑱ 将领口已锁边的边缘往反面折进去 0.5cm，在衣身领口沿图示虚线从正面车缝固定折边。

⑲ 上一步中的车缝线车到领子的位置时，将领翻起，从领子底下车线。

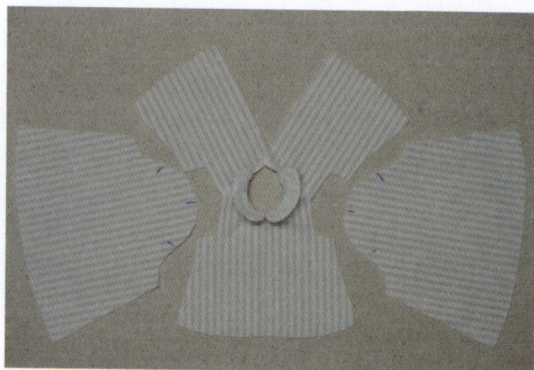

⑳ 图中为缝好折边的领子。然后拿出两个袖子裁片，按照纸样在相应位置做好标记。

㉑ 根据做好标记的位置对袖山进行抽皱，抽皱完成的长度按照纸样上标注的长度。

㉒ 图中为两个袖子按照相同的方法抽皱后的效果。

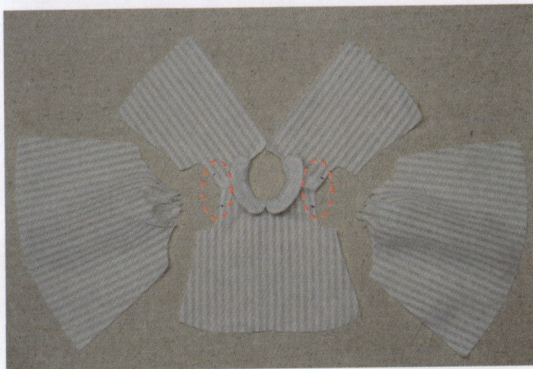

㉓ 衣身袖窿的位置以肩缝为中心，把两边泡泡袖抽皱后的完成长度标记在袖窿线上。

㉔ 袖子与衣身正面对正面叠好，袖子反面朝上，后袖弧线与衣身的后袖窿线对齐，开始缝合袖子。

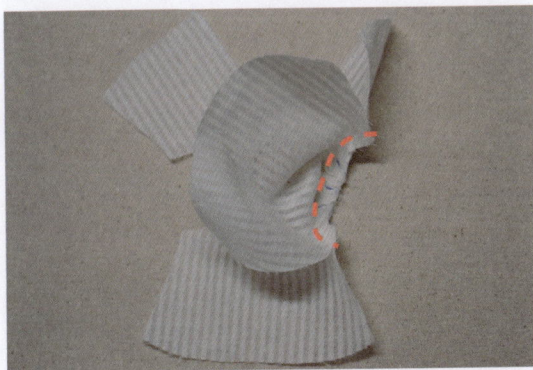

㉕ 沿图示虚线缝合袖子与衣身，注意缝合时袖子上的标记点要与衣身上的标记点一一对齐，袖子的皱褶要车缝均匀。

㉖ 图中为一边袖子缝合完的正面效果。准备好另一只袖子。

㉗ 按照相同的方法缝合另一只袖子。

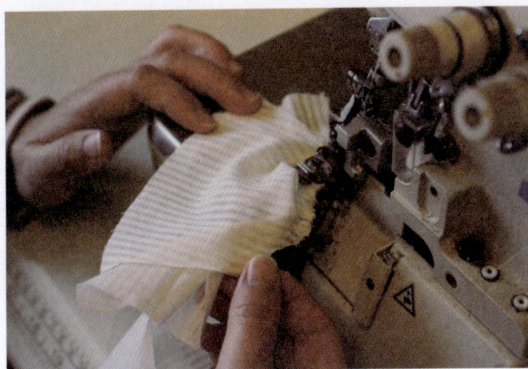

㉘ 给缝合好的两边袖窿线锁边，锁边时袖子在上面，衣身压下面。

㉙ 给两只袖子的袖口锁边，锁边时正面朝上。

㉚ 量一下娃娃的手腕围，按照腕围 +2cm 的长度剪两条 0.3cm 的橡筋。在每条橡筋的两头各做一个标记，每个标记距离橡筋末端 1cm。

㉛ 衣片反面朝上，袖口缝边往上折 0.8cm，把橡筋夹在折边里面并沿图示虚线缝合橡筋两端以及折边，不要车缝到折边中间的橡筋。

㉜ 另一只袖子的袖口按照相同的方法车好折边与橡筋。

㉝ 衣片正面朝上展平，把后片往前折，与前片的侧缝对齐，袖子的两条边也对齐。

㉞ 在衣片反面，从袖口的位置起针，沿图示虚线把袖子、前片与后片侧缝缝合。

㉟ 另一边的侧缝按照相同的方法缝合。

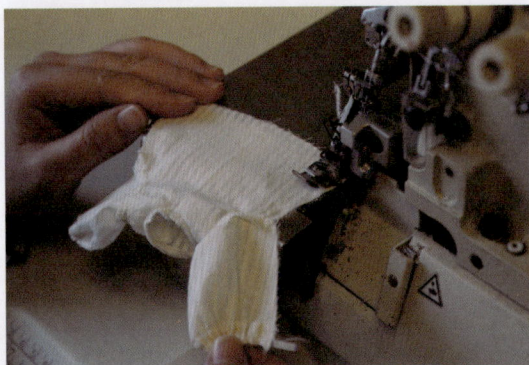

㊱ 衣服的前片朝上放置，给两边侧缝与袖边锁边。

㊲ 给两片后片的后中开口边锁边。

㊳ 图中为锁好边的样子。衣身反面朝上，将两边后片展开。

㊴ 把下摆往上折 0.3cm，并用熨斗烫平。

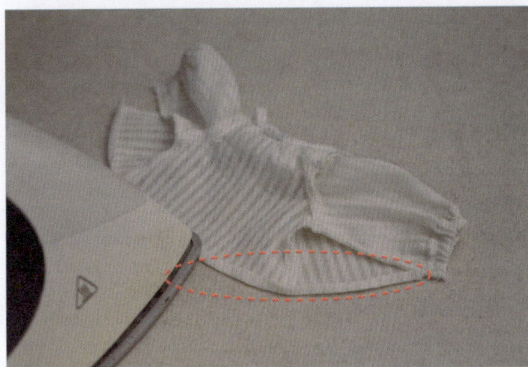

㊵ 下摆再次上折 0.3cm，把上一条折边折进去，形成一条卷边，再次用熨斗烫平，注意整个下摆的卷边宽度都要保持一致。

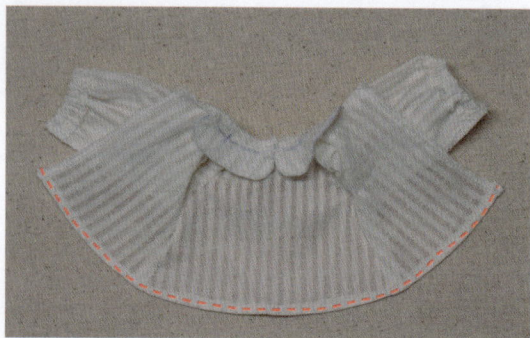

41 反面朝上，在烫好的下摆卷边上缝一条固定线，缝线位置在卷边中间。

42 将左边后中开口边往里折 0.7cm 左右的缝边。

43 右边后中开口边同样往里折 0.7cm 左右的缝边。

44 在后中开口边的反面沿虚线缝合折边。两边的折边都缝好。

45 把衣服翻到正面，准备好三对暗扣。在两边后中开口边上做好钉暗扣的标记。

46 用手缝针在左边后中开口边正面钉暗扣的母扣，在右边后中开口边的反面钉暗扣的子扣。

47 依次扣好暗扣。衬衫制作完成。

材料准备：红底点点色织布、红白格子布、0.3cm橡筋、暗扣2对。

① 按照纸样大小裁剪好背带裤的裁片：前片2片、背带2片、前里布1片、后片2片。辅料：0.6cm暗扣2对，0.5cm橡筋（长度为1/2腰围+2cm）。

前裆线

② 准备好两片前片，正面朝上放置，其中带小弯角的边是前裆线，两片缝合后就是裤子的前中缝。

③ 两片前片正面相对、反面朝外对齐叠放，沿图示虚线缝合前裆线，缝边宽度0.5cm。

④ 前裆线缝合后，两片前片正面朝上展开的样子。

后档线

⑤ 准备好两片后片，正面朝上放置，其中带大弯角的边是后档线，两片缝合后就是裤子的后中缝。

⑥ 两片后片正面相对、反面向外对齐叠放，沿图示虚线缝合后档线。

⑦ 后档线缝合后，两片后片正面朝上展开的样子。

⑧ 给前片缝好的前中缝锁边，从腰头开始往档底方向走线。

⑨ 给后片缝好的后中缝锁边，从腰头开始往档底方向走线。

⑩ 后中缝锁好边后，后片正面朝上给腰头部分锁边。

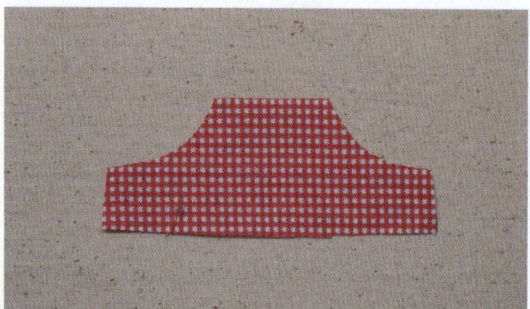

⑪ 准备好前里布。

⑫ 给背带裤前里布的下摆锁边，留待备用。

114

⑬ 准备好 0.5cm 的橡筋与锁好边的后片。橡筋的长度为娃娃腰围的一半 +2cm，在橡筋两端 1cm 的位置做好标记，缝合时标记点与裤腰两端对齐。

⑭ 后片反面朝上，腰头缝边往下折 1cm，把橡筋夹在折边里面并缝合橡筋两端以及折边，不要车缝到折边中间的橡筋。

⑮ 准备好两片背带裁片。

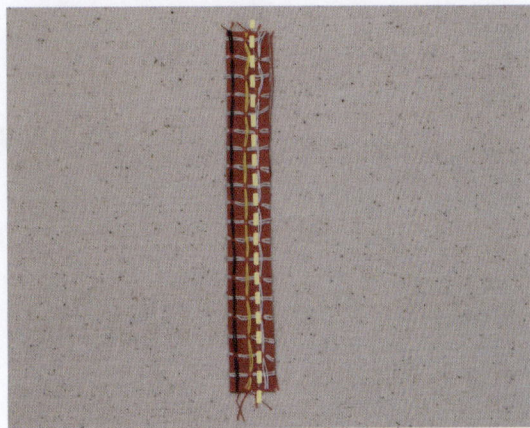

⑯ 将背带裁片沿中间对折，在反面长边沿图示虚线缝一条线。

⑰ 把缝边往两边打开，让车缝线居中，压平缝边并熨烫平整。

⑱ 沿图示虚线缝合封口。

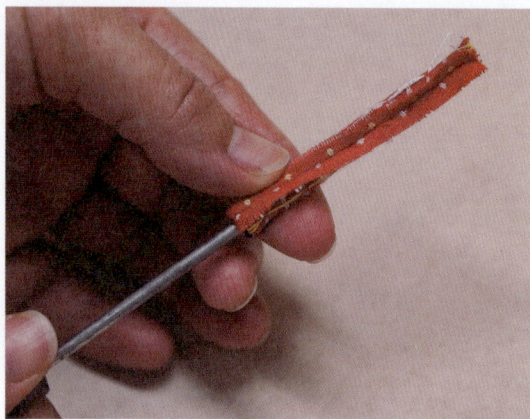

⑲ 用小螺丝刀或者其他细棒形工具，从封口的一头戳向另一头的开口，把背带从反面翻到正面。

⑳ 背带翻到正面后熨烫平整。按照相同的方法制作另一条背带。

㉑ 将拼好的前片正面朝上，背带的反面（有拼接缝的一面）朝上、开口端对着前领口位置，按图示的位置放置，沿虚线把背带缝到前领口上。

㉒ 里布反面朝上，叠放在固定好肩带的前片上、背带夹在中间，边缘对齐，沿图示虚线把袖窿及领口缝合。

㉓ 将缝合好里布的前片按图中样子平放，把里布下边往上折，露出前片的左右侧边。

㉔ 拿出前面步骤中已经缝好橡筋的后片，准备与前片缝合。

㉕ 后片反面朝上，腰头对齐里布折边，一边侧缝对齐已经折起里布的前片侧缝，沿图示虚线缝合。

㉖ 前片与后片的一边侧缝缝好后，把之前折起的里布放下来，在侧边沿虚线再缝一条线固定里布。

㉗ 把一侧已经缝合好的裤子展开，前片里布往背面翻，两条背带拉平，整理成型，并把前片的里布面布的缝合边熨烫平整。图中为理顺后的样子。

㉘ 前片有里布的部分往下折，把左侧边缘的里布打开，与前片侧缝拉直，整理成图示的样子。

㉙ 按上一步图示样子折好里布后，将右边的后片往左折，与前片的左侧缝对齐，后片腰头与前片里布的拼缝对齐，按图示虚线把侧缝缝合。

㉚ 里布放下来，在侧边再缝一条线固定里布。

31 给两边的侧缝锁边，锁边时前片放上面，后片压下面。

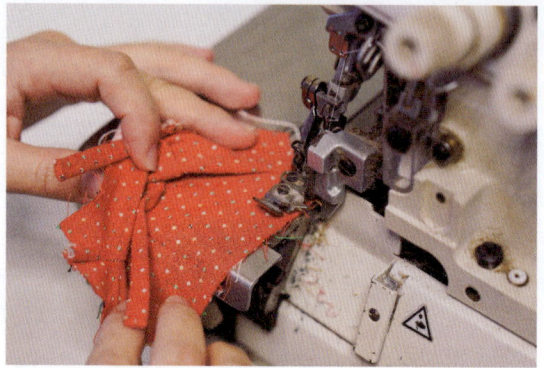

32 给两边的裤脚口锁边。

33 裤子反面朝外，侧面展开，拉平两个裤脚，将裤脚口往上折 0.5cm，沿图示虚线缝合折边。两边裤脚口按照相同的方法处理。

34 裤子反面朝外，整理成前片平叠后片的样子，将内裆缝拉直，前后片内裆缝边缘对齐，沿图示虚线缝合。

35 图中为内裆缝缝合后的样子。

36 给内裆锁边，锁边时前片在上面，后片压下面。

37 将背带裤从反面翻到正面，整理平整。

38 在背带的反面末端缝暗扣的子扣，在后片腰头的中缝线两边各缝一颗暗扣的母扣。

39 背带裤制作完成。

3.3.3　六角宽檐帽

材料准备：红底点点色织布、红白格子布、米色毛绒布。

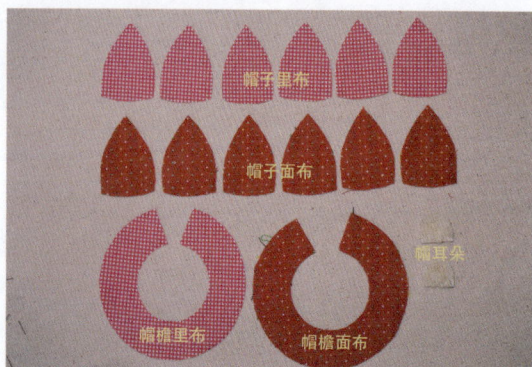

① 按照纸样大小剪好帽子的裁片：帽子面布裁片6片、帽子里布裁片6片、帽檐面布裁片1片、帽檐里布裁片1片、帽耳朵2片。

② 拿出帽子里布的6个裁片，准备缝合。

③ 将两个裁片正面对正面叠放并对齐，反面朝外，沿图示虚线缝合其中一边的弧线，缝边宽0.5cm。

④ 将缝边折向一边的裁片，沿图示虚线车缝一条明线，固定缝边。

⑤ 图中为两片裁片缝好的样子。拿出第三片帽子里布，准备缝合。

⑥ 第三片帽子里布反面朝上，叠放在两片拼好的帽子里布上，正面相对、反面朝外，沿图示虚线缝合。缝合好后按照第4步的方法，在缝边上缝明线固定。注意缝边的折叠方向要一致，创作完成后帽子才更美观。

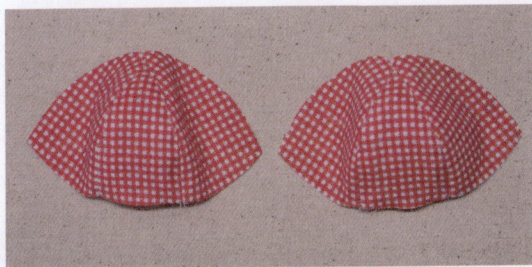

7 图中为三片裁片拼起来的帽子里布部件。按照相同的方法制作另一个三片裁片拼接的帽子里布部件。

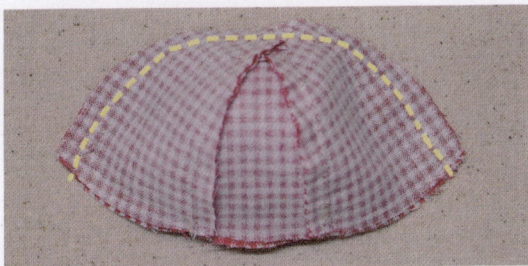

8 将两个帽子里布部件的正面与正面相对叠放对齐，反面朝外，沿图示虚线缝合，做成一个完整的六片里布帽身。

9 把上一步缝好的缝边往没压过明线的一边裁片上折叠，沿图示虚线缝一条明线，固定缝边。

10 图中为制作好的里布帽身反面。

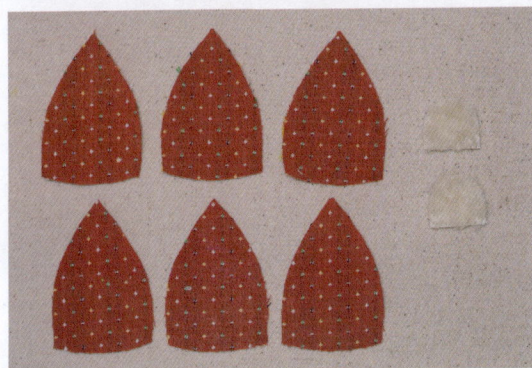

11 拿出帽子面布的六片裁片与耳朵裁片，准备缝合。

12 按照第 3~6 步的做法，将三片帽子面布裁片做成帽子面布部件。

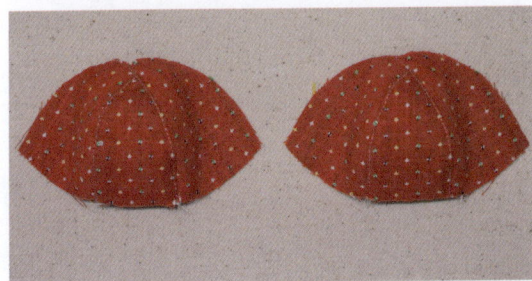

13 按照相同的方法做出两个帽子面布部件。

14 在一个帽子面布部件上，以顶部中点为对称点，在两边相同距离处放上耳朵裁片，用珠针固定，注意耳朵下边缘要凸出帽子部件边缘少许，缝合时更容易固定。

⑮ 将两个帽子面布部件正面与正面对齐，耳朵夹在中间，反面朝外，沿图示虚线缝合。注意缝合时要保证耳朵也有缝到位。

⑯ 图中为缝好后翻到正面的样子。

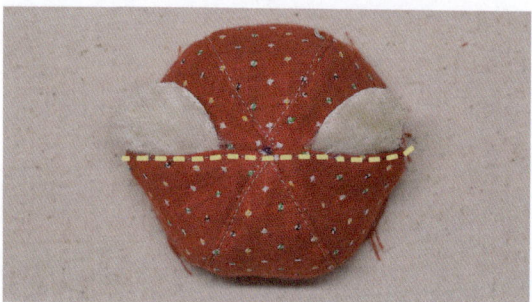

⑰ 在帽子的拼缝处，帽耳朵朝前的位置沿图示虚线缝一条明线固定缝边。

⑱ 拿出帽檐面布与帽檐里布，正面朝上放置，准备缝合。

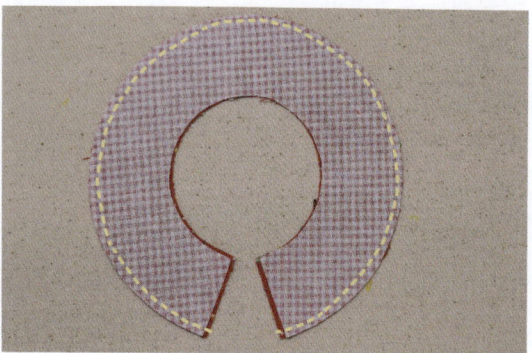

⑲ 帽檐里布反面朝上叠放到帽檐面布上，正面对正面、反面朝外，边缘对齐，沿图示虚线缝合。

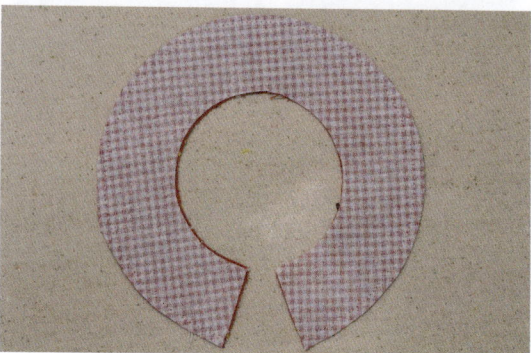

⑳ 缝合后将帽檐外弧的缝边用剪刀修窄到 0.3cm 左右。

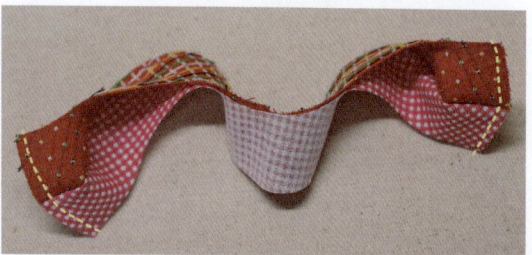

㉑ 将拼好的帽檐打开，露出原本折在中间的布料正面，两边的缝边将沿虚线缝合在一起。

㉒ 将帽檐两边的缝边正面对正面对齐，在反面沿图示虚线缝合，缝合时注意面布与里布中间的接缝线上下要对齐。

㉓ 缝合后的帽檐呈圆环状。将帽檐折边整理好，反面向外，面布与里布的接缝边都打开往两边折，尽量压平。

㉔ 将帽檐从反面翻到正面。

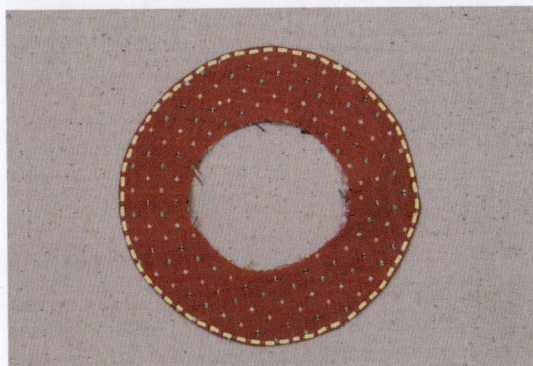

㉕ 将帽檐外弧的边缘理顺并熨烫平整，在外弧边缘沿图示虚线车缝一圈固定线，缝线距离帽檐外边缘 0.1cm。

㉖ 将帽檐的中心点的位置用热消笔做好标记，与帽身面布正面对正面对齐。帽檐标记点对应帽身的前后中心点，缝合时注意对齐。

㉗ 将帽身的正面对齐帽檐的正面，将二者沿帽檐的内弧按图示虚线缝一圈。

㉘ 图中为帽檐与帽身面布缝合后的样子。

㉙ 准备好帽身里布，按图示正面朝上放置。

30 将拼好帽檐的帽身面布与帽身里布按图示方式对齐边缘，沿着图示虚线缝一周拼合，留一个 2cm 左右的口子不缝，用作之后翻面。

31 缝合完毕后，里布会在外面把整个帽子包住，帽檐藏在帽身里布与面布中间。打开未缝的口子，可以用镊子等工具，将帽檐从口子里掏出来，完成帽子的翻面。

32 将帽子翻到正面后整理成型。

33 将帽子翻过来，留口位置的缝边往里折。

34 在距离帽檐与帽身的拼接缝 0.1cm 的位置，在帽身上缝一条明线，同时把帽子里布上留洞的位置车缝固定好。

35 帽子制作完成。

3.3.4 中筒袜

材料准备：红底白点针织布。

① 按照纸样大小剪好袜子裁片，左右两只袜子的裁片是一样的。

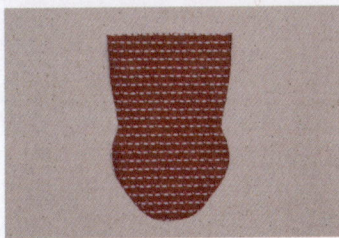

② 分清裁片的正反面，袜子反面有横向白色的点点纱线。

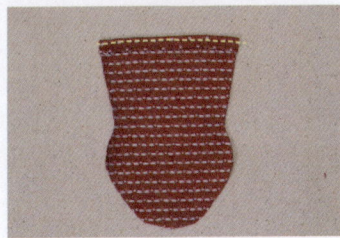

③ 反面朝上，把袜口往下折 0.5cm，在距离袜口边缘 0.1cm 的位置缝一条固定线。为了让袜口保持一定的弹性，车缝这条线时稍微拉开布料来缝。

④ 袜口车好后可以进行熨烫，让袜口更平整。

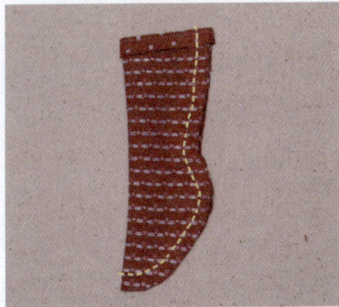

⑤ 沿中线折叠裁片，反面朝外，沿图示虚线缝合，缝边宽度 0.5cm。缝合后将缝边用剪刀修窄至 0.25cm 左右。

⑥ 把袜子从反面翻到正面。按照相同的方法创作另一只袜子。一双袜子就制作完成了。

125

Qbaby（特殊小六分）、Guard Love（四分圆润体）、
Puyoodoll（四分熊妹）、Rosenlied（六分）、Rosenlied（四分巨婴）、
DollVillage（六分头）+ Guard Love（六分身）

材料搭配
连衣裙：浅蓝色点点棉布、白色平纹
棉布。
短裤：浅蓝色点点棉布。
袜子：白色汗布。
辅料：0.5cm橡筋、0.2cm真丝丝带、
暗扣。

3.4.1 水手连衣裙

材料准备：浅蓝色点点棉布、白色平
纹棉布、0.2cm真丝丝带、暗扣3对。

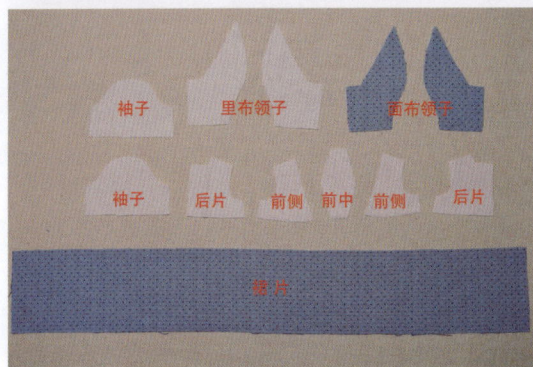

袖子　里布领子　面布领子

袖子　后片　前侧　前中　前侧　后片

领片

❶ 按照纸样大小裁剪好连衣裙裁片：袖子2片、里布领
子2片、面布领子2片、后片2片、前侧2片、前中1片、
裙片1片。

❷ 准备好领子面布与领子里布的裁片，正面朝上放置。

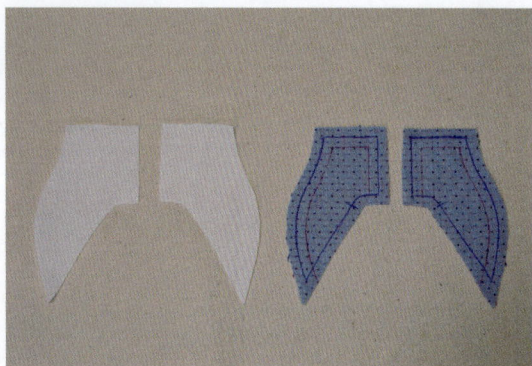

❸ 在面布领子的正面，用热消笔或水消笔将领子纸样的净边线画到裁片上（蓝色线），并画上肩缝位置的标记点。然后在距离领子净边线 0.4cm 的位置再画一条用于丝带定位的辅助线（红色线）。

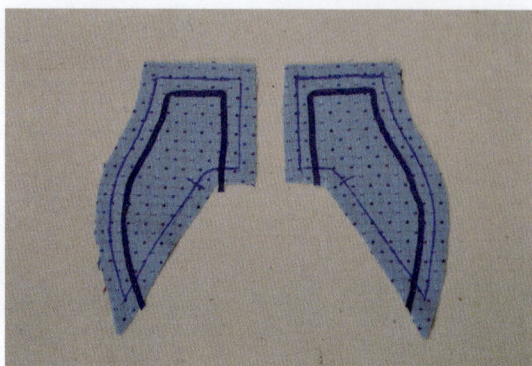

❹ 按照上一步画好的红色辅助线，把 0.2cm 的宝蓝色丝带缝到领子裁片上，车缝线在丝带中间。

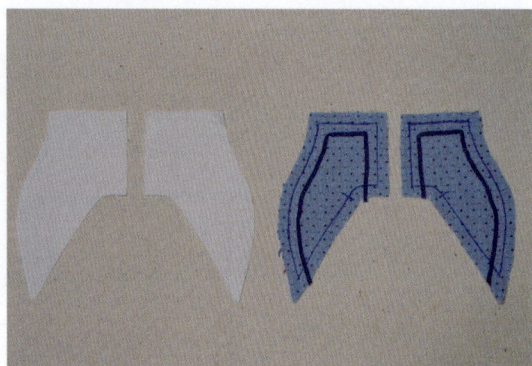

❺ 拿出领子里布裁片，准备与缝好丝带的领子面布缝合。

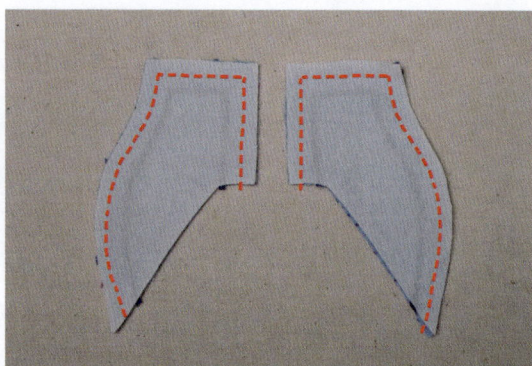

❻ 领子里布反面朝上，与领子面布正面对正面叠放，各边缘对齐，沿着画好的净边线进行缝合。

❼ 图中为一边领子缝合后的样子。

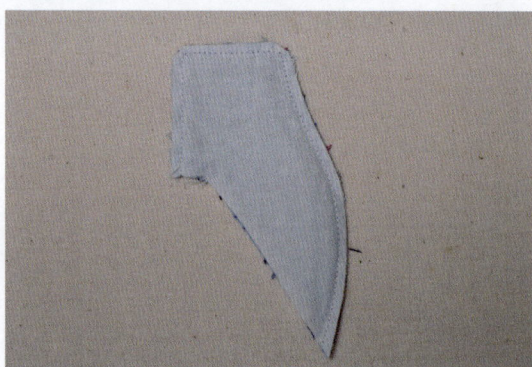

❽ 将领子的缝边用剪刀修窄至 0.2~0.3cm，上面两个角修剪掉，注意不要剪到缝线。

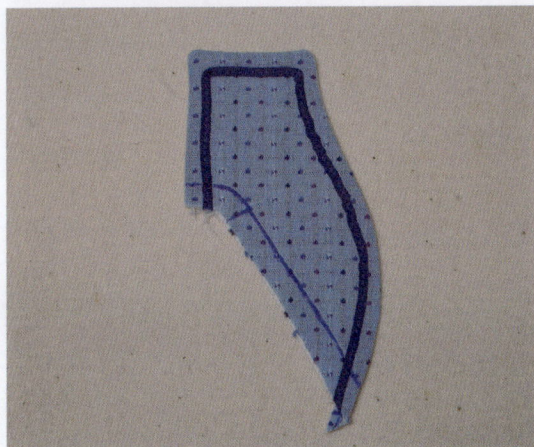

⑨ 将领子从反面翻到正面，整理成型。

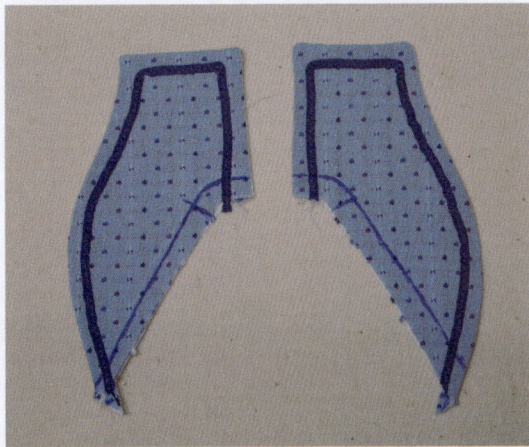

⑩ 按照相同的方法制作另一个领子，留待备用。

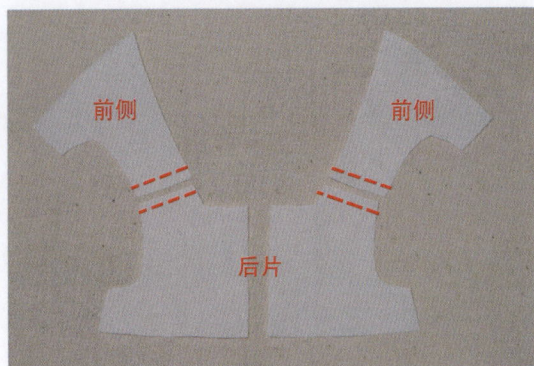

前侧　　前侧

后片

⑪ 拿出上衣部分的前侧片和后片，正面朝上按图示方式摆放并对齐，准备缝合肩缝。

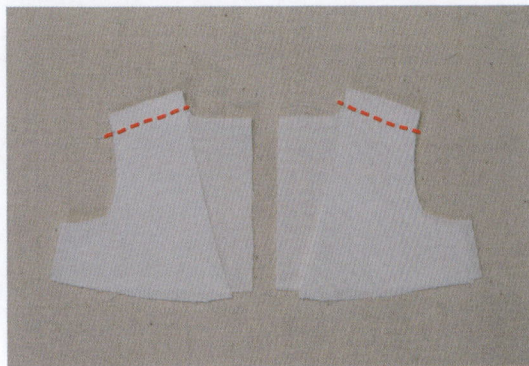

⑫ 将前片叠到后片上，正面对正面、反面朝外，按图示方式对齐，沿虚线缝合两边肩缝，缝边宽0.5cm。

⑬ 给两片拼好的肩缝锁边，锁边时前片在上面，后片压下面。

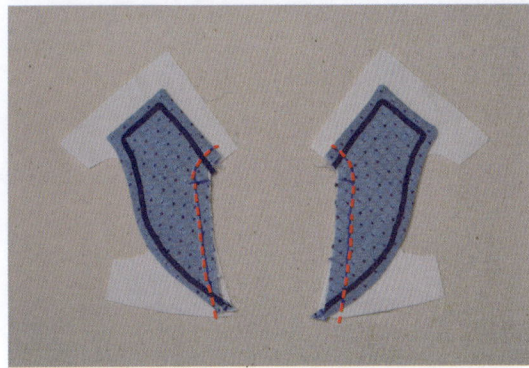

⑭ 肩缝锁好边的前后片展开，正面朝上放平，将做好的两个领子正面朝上叠放在上面，按照画好的标记线，领子肩缝标记点对齐肩缝的位置，沿虚线把领子缝到衣身领口上。

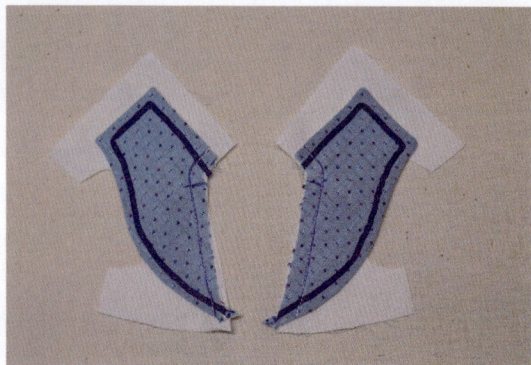

⑮ 图中为两片领子缝好的样子。

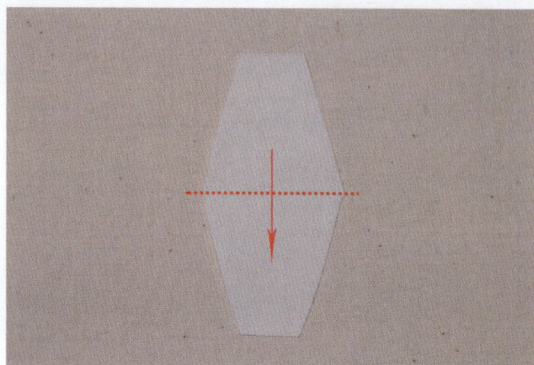

⑯ 拿出前中裁片，反面朝上，沿水平对称线往下对折。

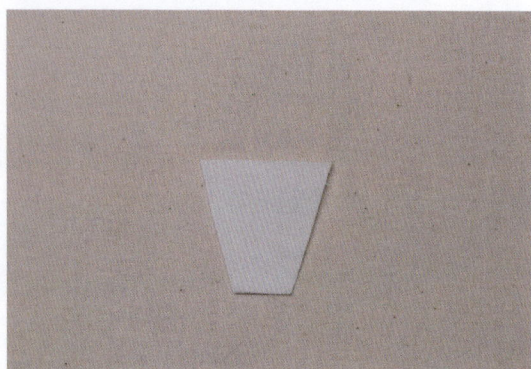

⑰ 图中为对折好的前中裁片，布料正面朝外，反面折在里面。

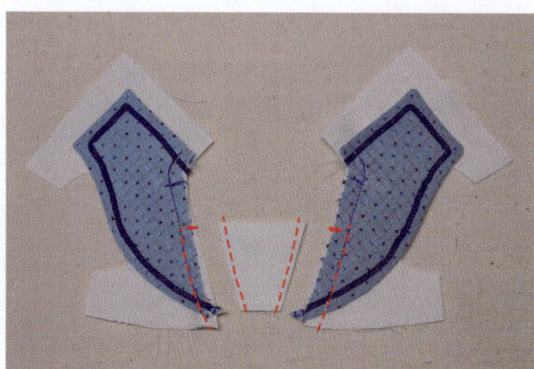

⑱ 将对折好的前中裁片与已缝了领子的衣片按图示方式摆放，在两边的领口线上画上对齐前中上边缘的标记点。之后要将两边衣片沿虚线与前中裁片缝合。

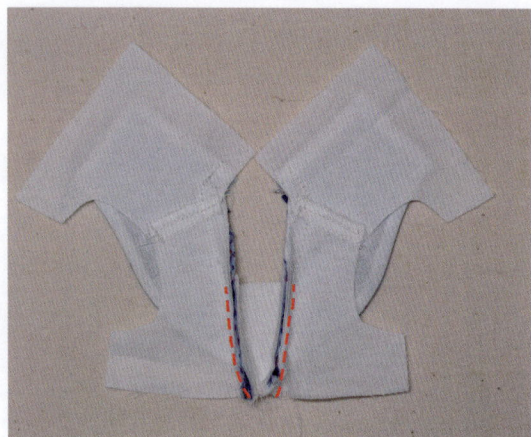

⑲ 把上一步的三个部件都翻到背面，前中裁片两侧分别与两边衣片的领口线对齐，上边缘与领口上的标记点对齐，在背面沿图示虚线缝合两边。

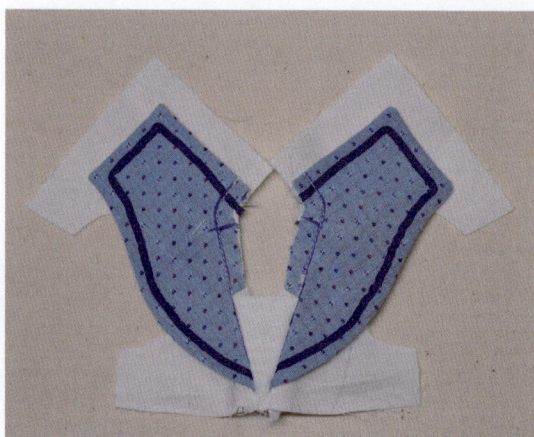

⑳ 图中为前中裁片与两边领口缝合好的样子。

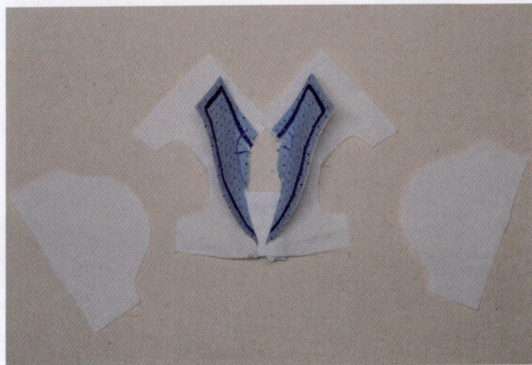

㉑ 准备好两片袖子裁片。

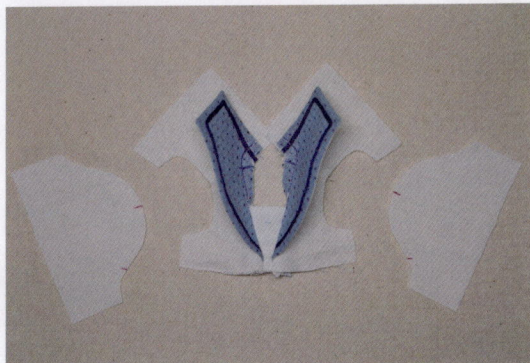

㉒ 根据纸样上的标记，在袖子裁片的袖山中心点与前袖的位置都画上标记点。

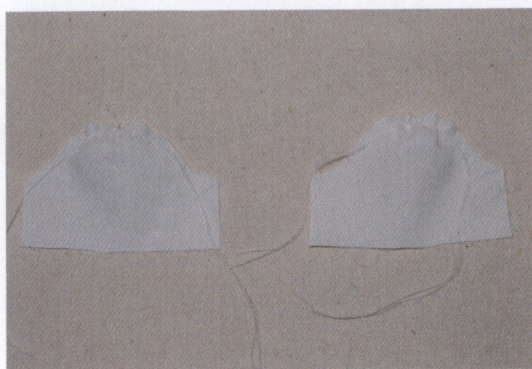

㉓ 根据做好标记的位置对袖山进行抽皱，抽皱完成的长度按照纸样上标注的长度。图中为两个袖子都做好抽皱的样子。

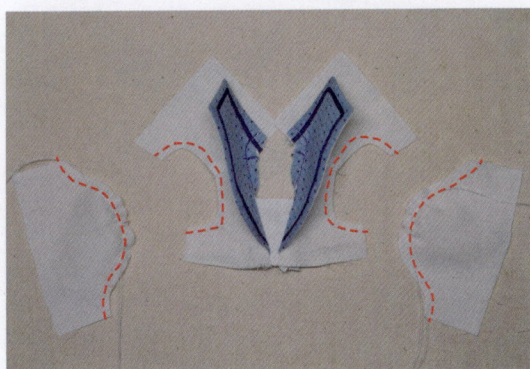

㉔ 袖子与衣身正面对正面叠放，袖子的袖山线与衣身的前袖窿线对齐，沿虚线进行缝合，注意车缝时袖山上的标记点要与衣身上的标记点一一对齐。按照相同的方法把另一只袖子也缝好。

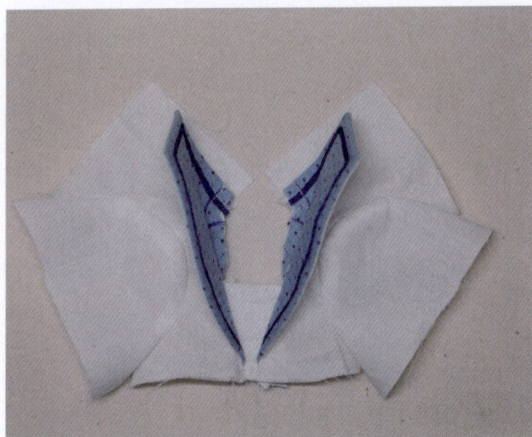

㉕ 图中为两边袖子都缝好的样子。

㉖ 领子正面朝上，给两边的领口缝线锁边。

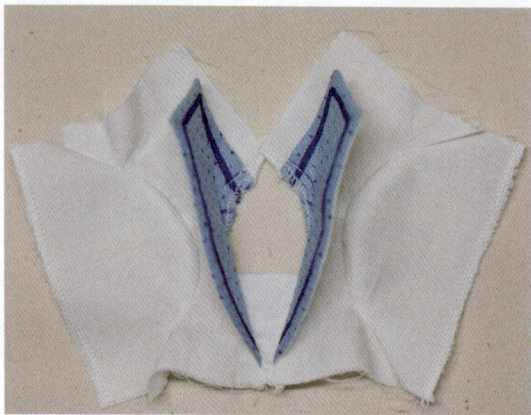

㉗ 给两边的袖口锁边。图中为锁好边的样子。

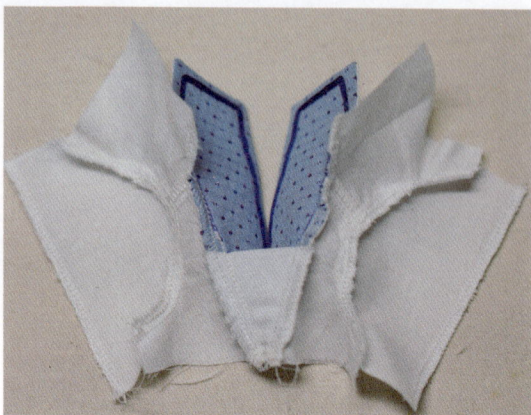

㉘ 给两边袖窿缝边锁边。图中为锁好边的样子。

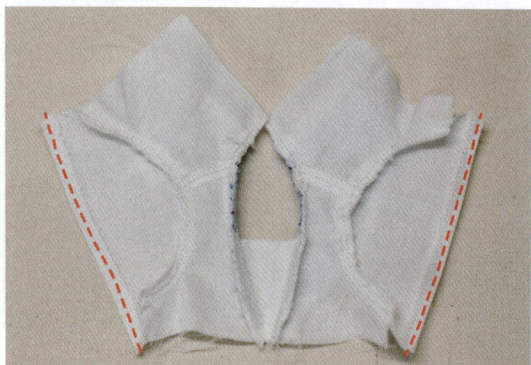

㉙ 袖子反面朝上，在袖口往上折边 0.5cm，然后沿图示虚线缝合折边。

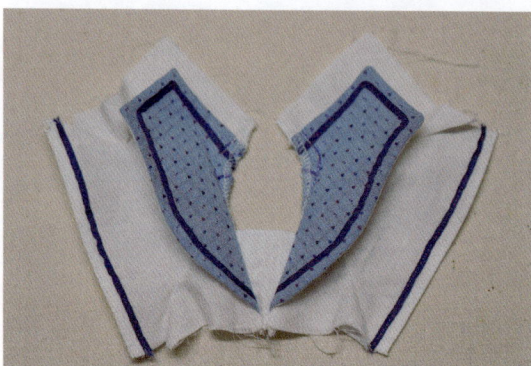

㉚ 将衣片翻到正面，在距离袖口 0.4cm 的位置缝一条 0.2cm 宽的真丝丝带，注意车缝线要压在丝带中间。缝好丝带并按图示方向展开摆放。

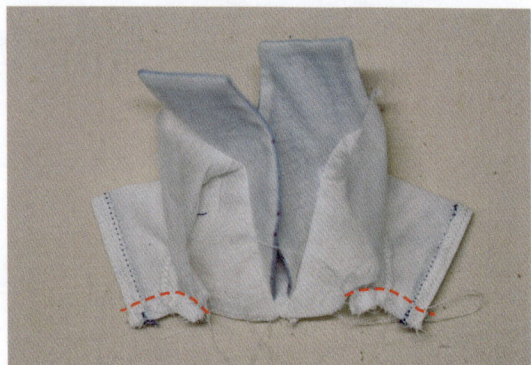

㉛ 按上一步正面朝上摆放好后，将两边的后片往下折，让袖子两条边对齐、前片与后片侧缝对齐，反面朝外，沿图示虚线缝合袖缝与侧缝。

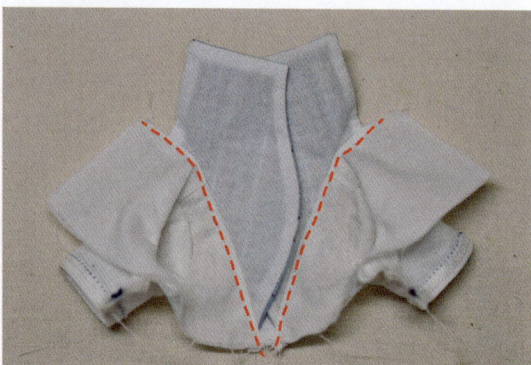

㉜ 缝合侧缝后，将领子往上翻，背面的领口缝边往下折，在领子下方沿图示虚线车缝一条明线固定住领口缝边，缝线距离边缘 0.1cm。

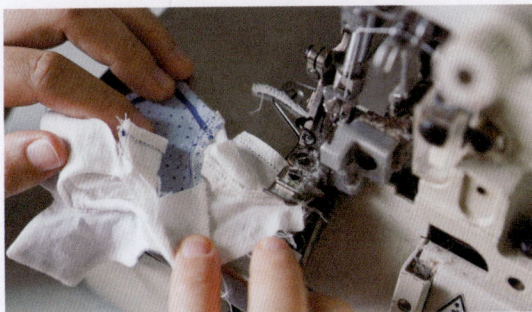

㉝ 衣服的前片朝上，给两边侧缝与袖缝锁边。

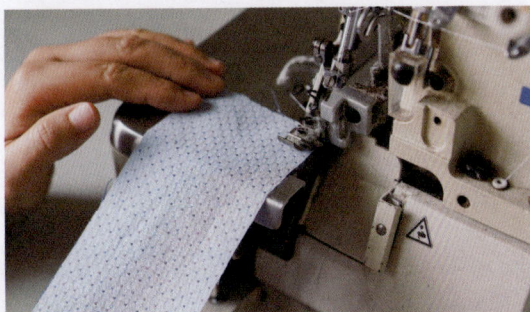

㉞ 裙片正面朝上，给下摆（裙片的一条长边）锁边。

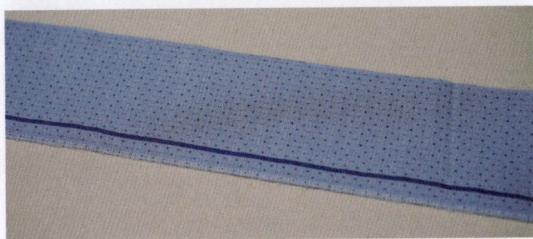

㉟ 在距离锁好边的下摆边缘 0.9cm 的位置缝一条 0.2cm 宽的真丝丝带，缝合时注意丝带要与下摆边缘一直保持平行，且缝线要压在丝带中间。

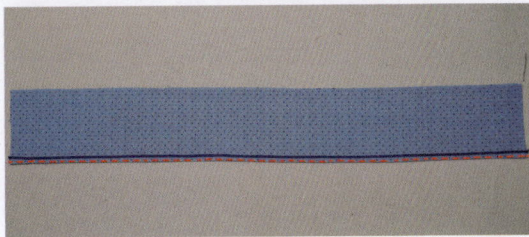

㊱ 裙片正面朝上，把下摆边缘往里反折 0.5cm，沿图示虚线缝合折边。

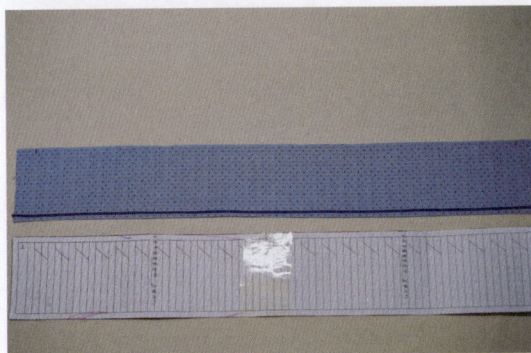

㊲ 对照着纸样，在裙片上用热消笔或水消笔把打褶线画好。关于纸样上的打褶方式及方向的说明，可以参考"元气少女服"套装里百褶裙制作的第 5~8 步。

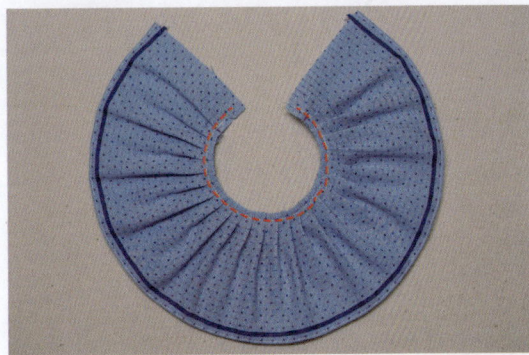

㊳ 裙片一边按标记线打褶子，一边在腰头的位置按图示虚线缝线固定褶子。缝线距布边 0.3cm。

㊴ 按裁片上的标记线整理好裙摆的褶子，并沿图示虚线在裙子下摆位置缝一条用于固定褶子便于整烫的辅助线，建议车缝时把针距调大，并换上异色的缝纫线，以方便之后拆线。

㊵ 将裙片翻到反面，用熨斗烫褶子，把褶子烫平整。

㊶ 拿出前面做好的上衣部分，准备与烫好褶子的裙片沿图示虚线缝合。为了方便对齐位置，可以在裙片腰线中点画上标记，车缝时此标记对应上衣的前片中心点。

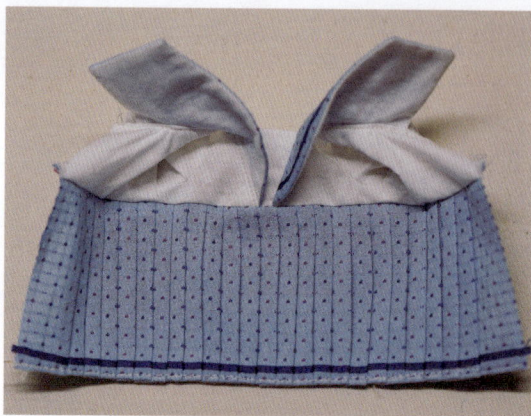

㊷ 图中为裙片与上衣部分缝合好的样子。

㊸ 给缝好的腰线锁边，锁边时裙片在上面，衣片在下面。

㊹ 让连衣裙正面朝上，给两边后中开口边锁边。

㊺ 锁好边后把袖子翻到正面。

㊻ 让裙子反面朝上，将两边的后中开口缝边往里反折0.6cm，沿图示虚线缝合折边。

47 在连衣裙一边后中开口边的正面用手缝针缝上3颗暗扣的母扣，另一边开口边的背面手缝3颗暗扣的子扣。

48 扣好暗扣，把下摆固定褶子的辅助固定线拆除，这样连衣裙就做好了。之后可以根据个人喜好给裙子加上蝴蝶结、领巾等装饰。

3.4.2 短裤

材料准备：浅蓝色点点棉布、0.2cm 真丝丝带、0.5cm 橡筋。

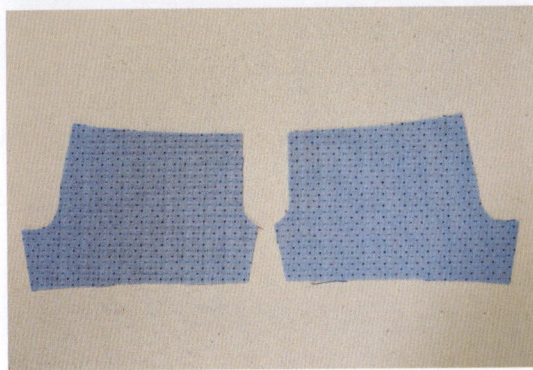

1 按照纸样大小裁剪好短裤的裁片：短裤裁片2片。辅料：0.5cm 橡筋。

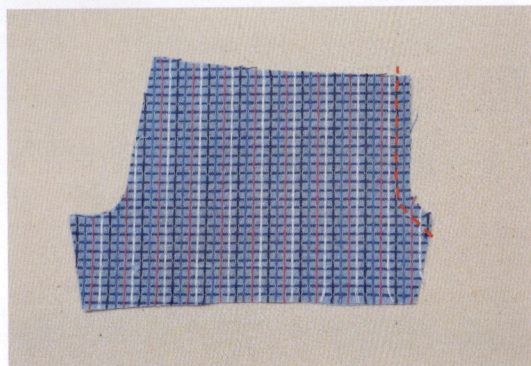

2 两片裁片的正面相对叠放，反面向外对齐，沿图示虚线缝合前裆线，缝边宽度0.5cm。

③ 从腰头处起针，给缝好的前裆线锁边。

④ 展开裁片，正面朝上，给腰头锁边。

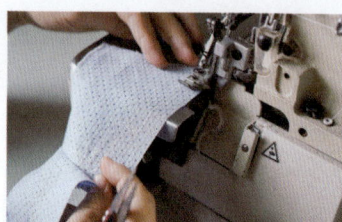

⑤ 展开裁片，正面朝上，给两个裤脚口锁边。

⑥ 准备好 0.5cm 的橡筋，先量好娃娃的腰围和臀围，再量一段长度等于娃娃腰围的橡筋先不剪断，测试这段橡筋是否可以拉开到大于臀围的长度，如果可以，就按照腰围+2cm 的长度剪断橡筋；如果不可以，则需要适当延长橡筋长度。剪好橡筋后，在两端 1cm 的位置分别画上标记。

⑦ 裤子反面朝上，腰头缝边往下折 1cm，把橡筋夹在折边里面并缝合橡筋两端以及折边，注意不要车缝到折边中间的橡筋。

⑧ 短裤反面朝上，裤脚口往上折 0.5cm，沿图示虚线缝合折边。按照相同的方法处理另一边的裤脚口。

⑨ 图中为缝好裤脚折边的样子。然后拿出 0.2cm 宽的真丝丝带。

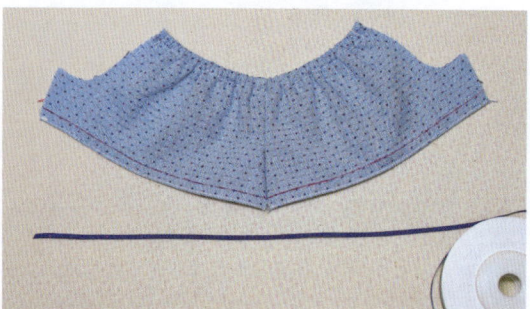

⑩ 在短裤正面距离裤脚口 0.5cm 的位置用热消笔画一条直线作为辅助线，按此位置把丝带缝到裤子上。

⑪ 图中为缝好丝带的样子。

⑫ 将裤子裁片对折，反面朝外，后裆线对齐，沿图示虚线缝合。

⑬ 给缝合好的后裆线锁边，从后中裆底起针，往后中腰头的方向走线。

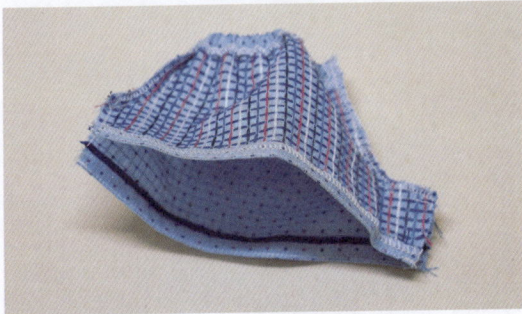

⑭ 将短裤按图示方式打开。

⑮ 前面缝合的前后裆线在中间，两边裤腿对折，让下面的裆缝重合对齐，准备缝合。

⑯ 沿图示虚线缝合裆缝。

⑰ 前片朝上，给内裆锁边。

⑱ 图中为短裤全部缝合完成的样子。

⑲ 翻到正面，短裤制作完成。

材料准备：浅蓝色点点棉布、白色棉布、0.2cm真丝丝带。

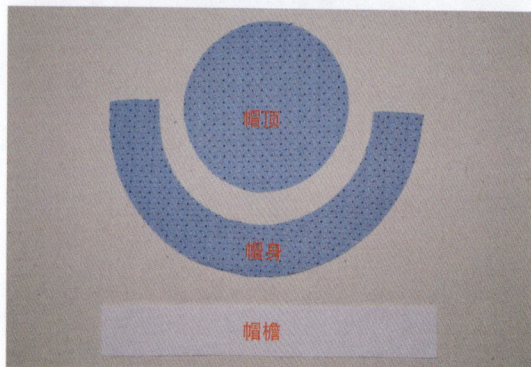

① 按照纸样大小剪好帽子的裁片：圆形帽顶1片、半圆形帽身1片、长方形帽檐1片。

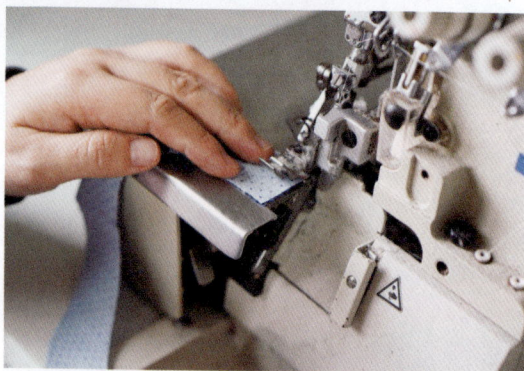

② 给半圆形帽身裁片两端直线短边锁边。

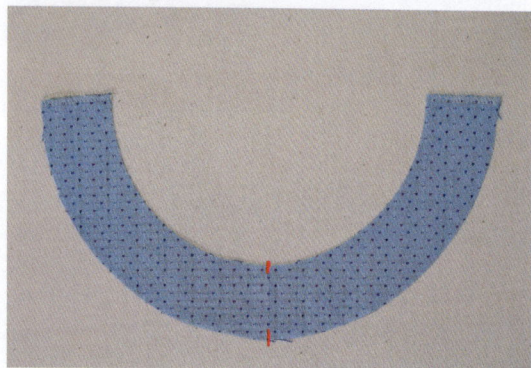

③ 图中为帽身裁片两边锁好边的样子，之后在裁片弧边的中点处画上标记。

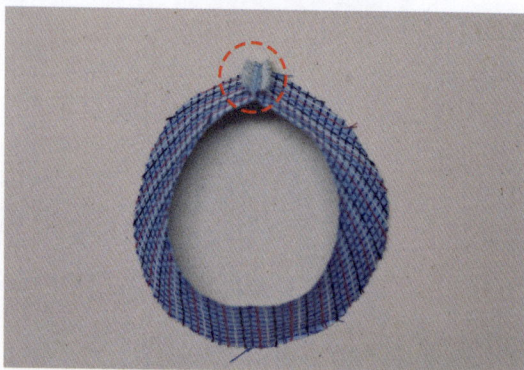

④ 将帽身裁片两端边缘从背面缝合，缝边宽0.5cm。

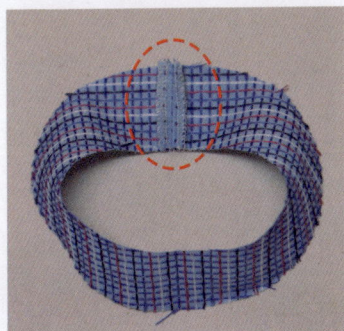

5 按照图中所示方式将帽身的拼合缝边往两边分开压平。

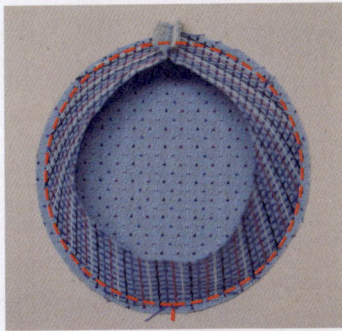

6 圆形帽顶正面朝上，将缝合好的帽身叠放在上面，沿虚线缝合一圈。可以在帽顶两端各画一个标记点，作为对齐参考。

7 图中为帽顶和帽身缝合后的样子。

8 在帽檐裁片的两条长边的中心处画上标记作为参考。

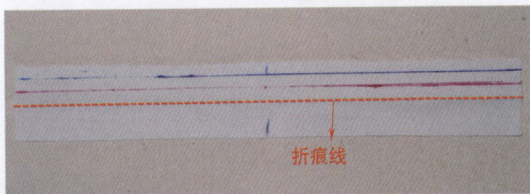

折痕线

9 将帽檐沿长边对折出中线折痕，在帽檐正面用热消笔或水消笔画两条线，蓝色线距离缝边0.5cm，作为与帽身缝合的标记线；红色线距离缝边1cm，作为缝真丝丝带的标记线。

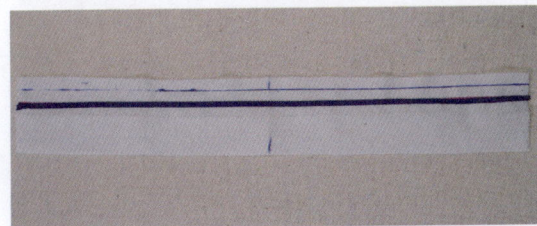

10 在红线的位置上缝一条0.2cm的真丝丝带，注意缝合线要在丝带的正中。

11 帽檐两端对齐对折，正面折在里面，反面朝外，沿图示虚线缝合，缝边宽0.5cm。

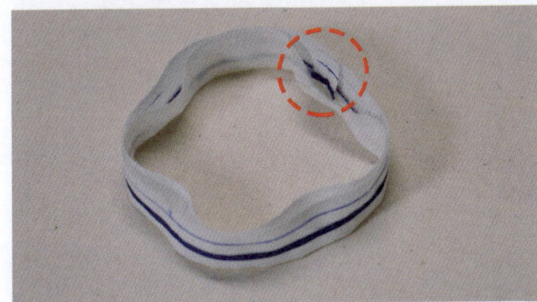

12 缝合后的帽檐呈环形。把拼合缝边往两边分开压平，再把帽檐沿第9步中的中线折痕对折，缝了丝带的一面朝外，作为帽檐正面。

13 拿出之前做好的帽身，将帽檐和帽身按图示方式缝边朝上放置，确认好上面的标记点，准备缝合。

内外虚线重合并缝合

⑭ 把帽檐放到帽身里面，帽檐与帽身上面的拼接缝对齐、缝边边缘对齐，从拼接缝位置起针，车缝一圈。车缝时注意对应的标记点要重合。

⑮ 图中为帽檐与帽身缝合后的样子。

⑯ 帽口朝上，给圆形帽顶缝边锁边。

⑰ 帽子帽檐朝上，给帽檐接缝一圈锁边。

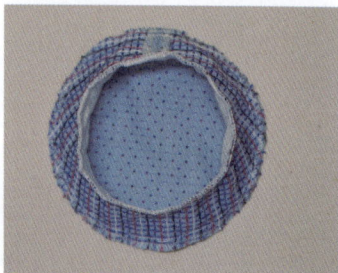

⑱ 图中为帽子锁好边的样子。

⑲ 将帽子从反面翻到正面，整理成型。

⑳ 把帽沿缝边处熨烫平整，帽子制作完成。

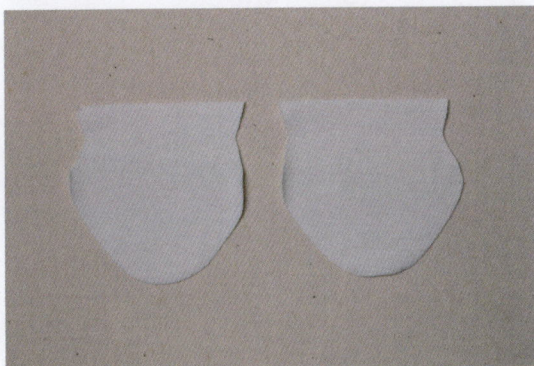

① 按照纸样大小裁剪好袜子的裁片，左右两只袜子的裁片是一样的。

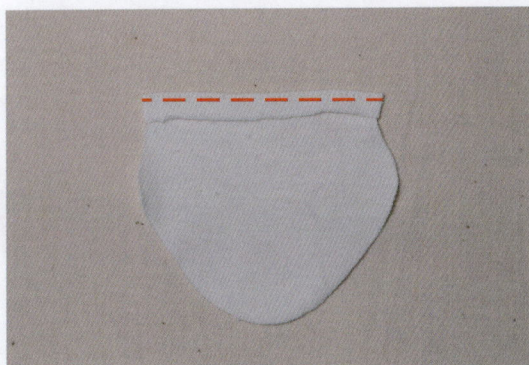

② 反面朝上，把袜口往下折0.5cm，沿图示虚线缝合折边。为了让袜口保持一定的弹性，在车缝这条线时需要稍微拉开布料来缝。

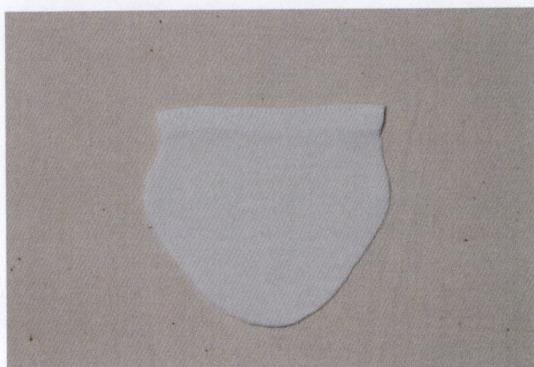

③ 袜口车好后可以进行熨烫，让袜口更平整。

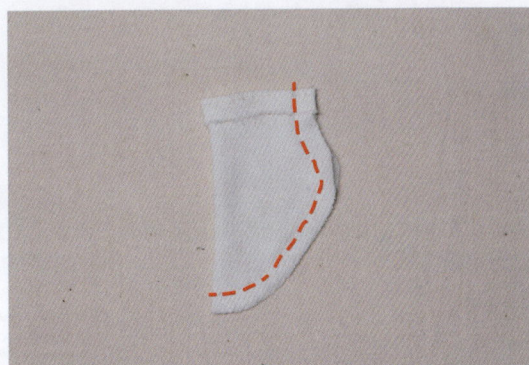

④ 将袜子裁片沿中间对称线对折，反面朝外，沿图示虚线缝合，缝边宽0.5cm。

⑤ 缝合后将缝边用剪刀修窄至0.25cm左右。

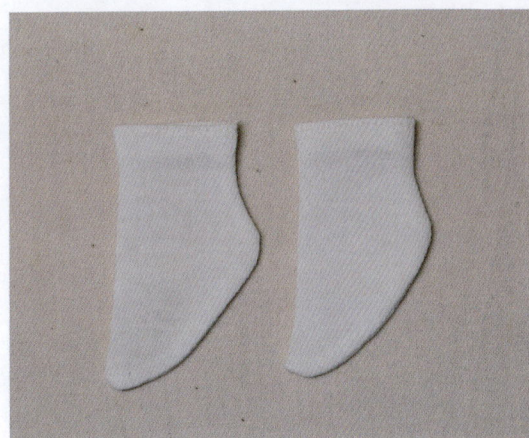

⑥ 把袜子从反面翻到正面，一只袜子就做好了。按照相同的方法制作另一只袜子。图中为袜子制作完成的样子。

Puyoodoll Baby Kumako (六分宝宝熊)

第4章

配饰制作过程图解

Puyoodoll Kumako（四分熊妹）
Rosenlied（四分巨婴）

耳朵

围兜里布

面布上截

面布下截

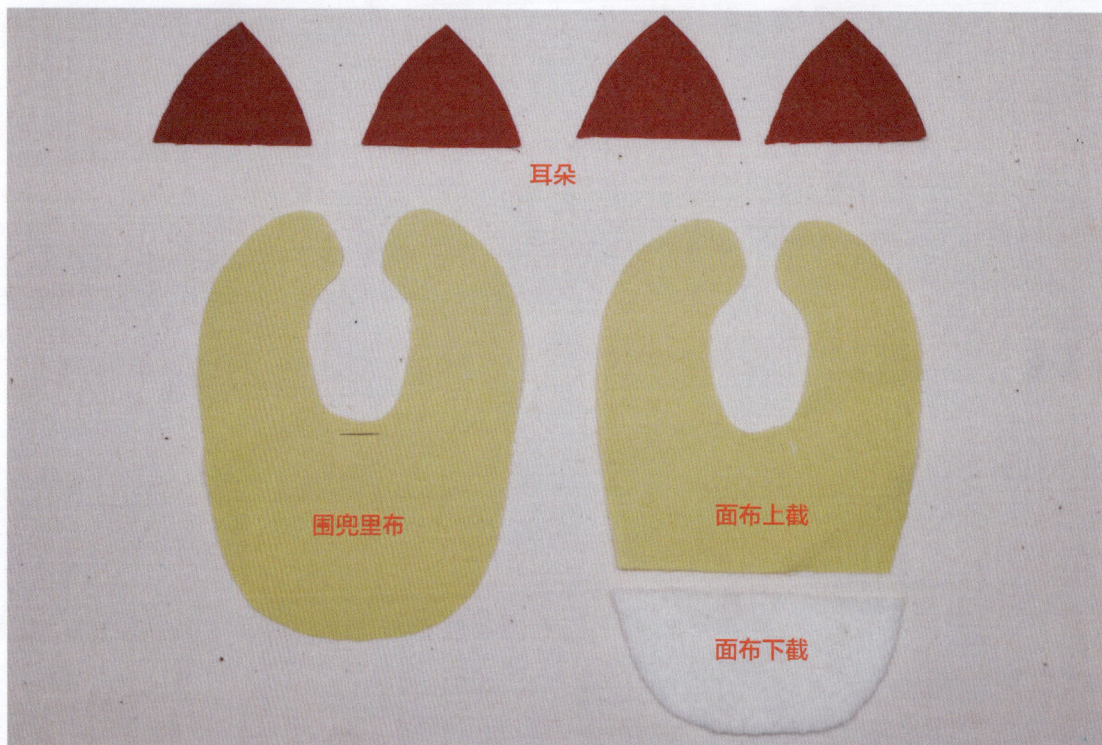

① 按照纸样裁剪好布料的裁片：耳朵 4 片、围兜里布 1 片、围兜面布上截 1 片、围兜面布下截 1 片。

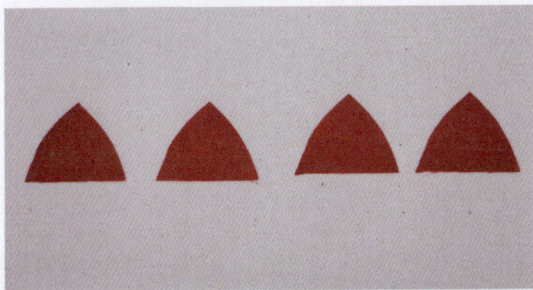

② 先拿出 4 片耳朵裁片，正面朝上摆放，准备缝合。

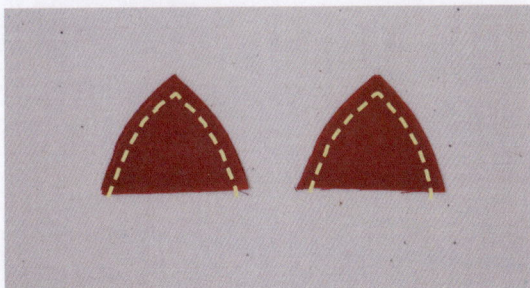

③ 2 片裁片制作 1 个耳朵，裁片的正面与正面相对叠放，反面朝外，各边缘对齐，沿图示虚线缝合。

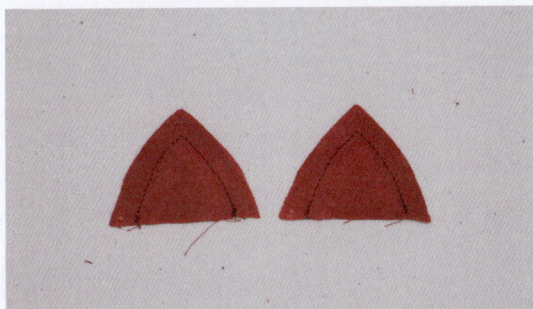

④ 图中为两只耳朵前后片缝合后的样子。

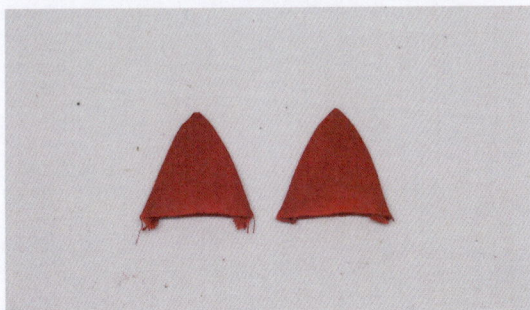

⑤ 从下面未缝合的开口处把耳朵翻到正面，整理成型并熨烫平整。

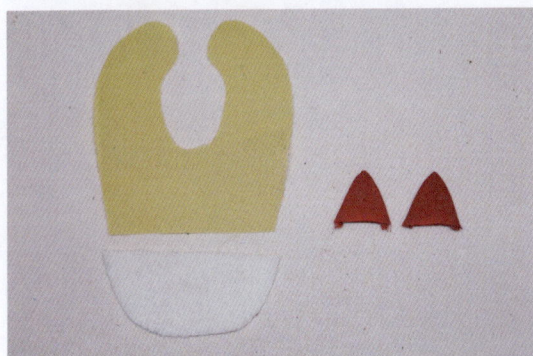

⑥ 准备好围兜面布上截和下截的裁片，正面朝上摆放。

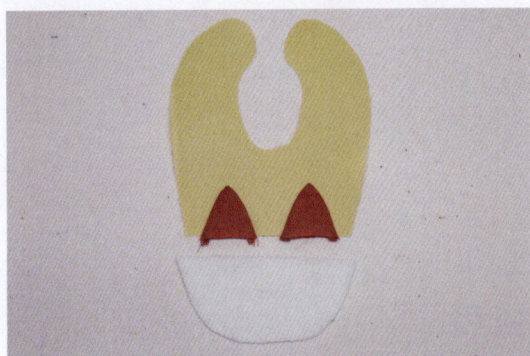

⑦ 耳朵放在围兜面布上截裁片上，按图示位置定好位。耳朵下边缘要超出裁片边缘少许，方便缝合时定位。

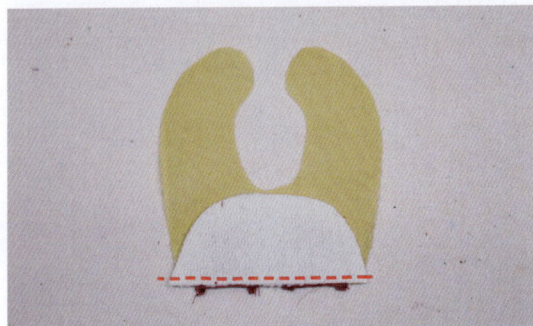

⑧ 把围兜下截裁片反面朝上与上截裁片叠放，下边缘对齐，耳朵夹在中间，下边缘露出少许。沿图示虚线缝合。

⑨ 图中为缝合后的样子。

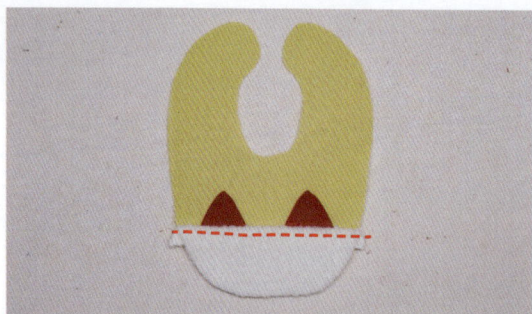

⑩ 把裁片展开到正面，拼接的缝边在背面往下折，在距离拼缝 0.1cm 的位置沿虚线缝一条明线来固定缝边。

⑪ 图中左边为缝好的围兜正面。拿出里布裁片，正面朝上放置，准备缝合。

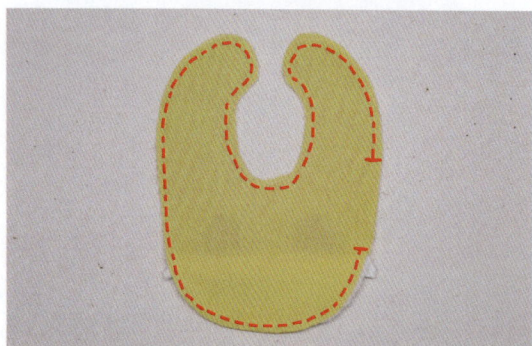

⑫ 围兜里布裁片反面朝上，与做好的面布正面对正面叠放，各边缘对齐。沿虚线缝合，在围兜外围的位置留个开口不缝，用于后面翻面。

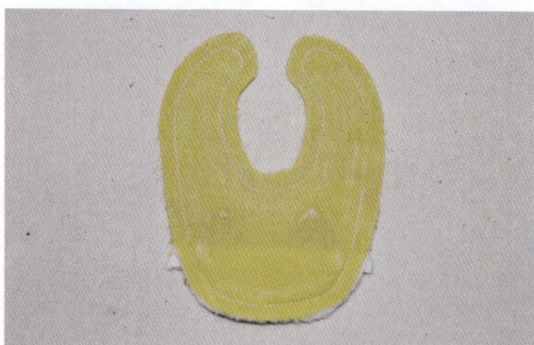

⑬ 图中为缝合后的样子，注意留好开口。

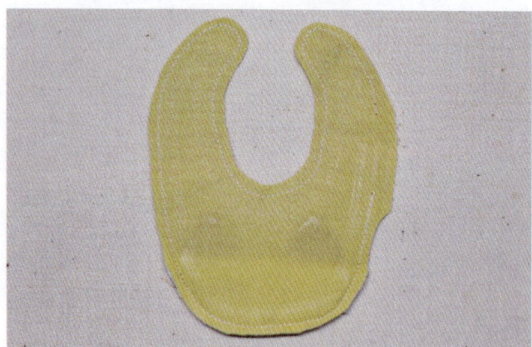

⑭ 除了留口的位置不修剪，把整个边缘缝合好的缝边都修窄至 0.2~0.3cm。

⑮ 从留好的开口把围兜翻到正面，整理成型，用熨斗熨烫平整。将开口用暗缝针法手缝封口。

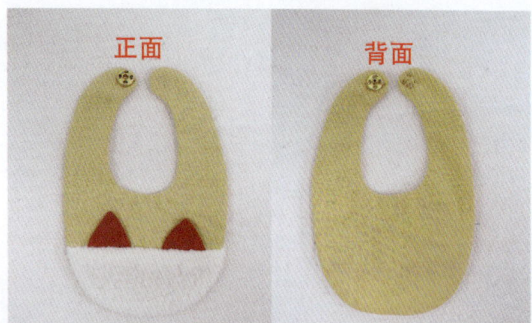

⑯ 在围兜后侧缝上暗扣，注意一边的扣子缝在正面，另一边的扣子缝在背面。这样围兜就做好了。之后可以用珠子和手缝线给围兜绣上五官作为装饰。

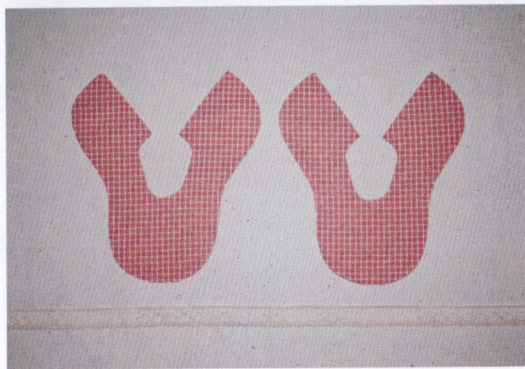

① 按照纸样大小裁剪好 2 片围兜裁片，再准备一段蕾丝花边。六分尺寸的围兜用 1cm 宽的花边，四分尺寸的围兜用 1.5cm 宽的花边。花边长度约为围兜外边缘的 1.5 倍。

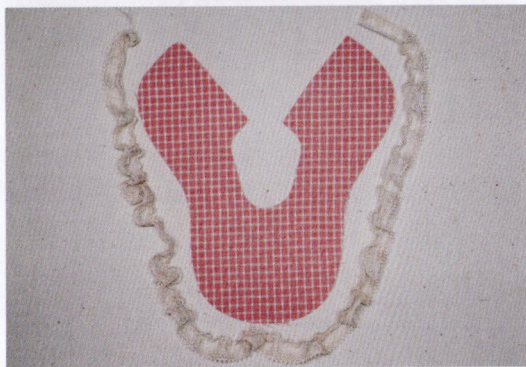

② 把花边的一边做抽皱处理，抽皱完成的长度大于或等于围兜外围弧长。

③ 花边带抽皱线的一边正面与一块裁片的正面相对，沿图示虚线把花边缝在围兜外围弧边上。

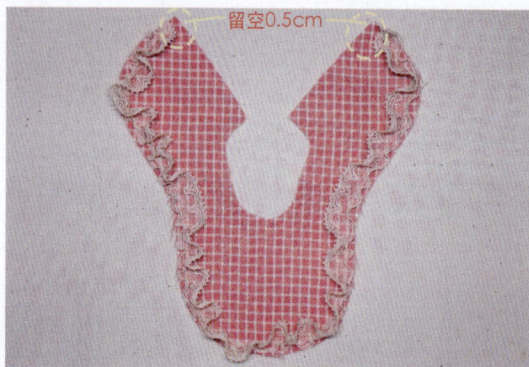

④ 固定花边的时候，开始端与末端都要超出裁片 0.5cm，并且将花边两端的外边缘弯折，与裁片外边缘对齐。

⑤ 图中左边为花边固定好的样子。拿出另一片裁片准备缝合。

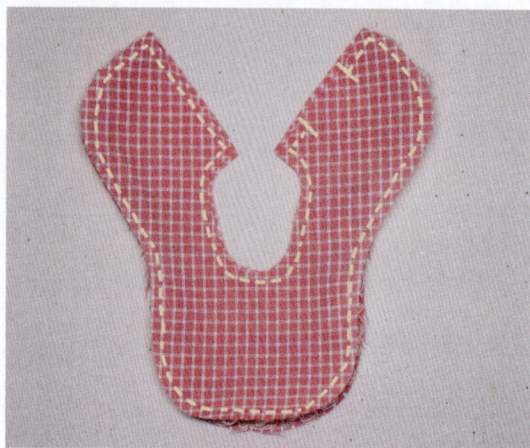

⑥ 两片裁片正面对正面叠放，反面朝外，花边夹在中间，沿图示虚线缝合，缝边宽 0.5cm。按图中虚线所示，在后中开口边上留一个 1~1.5cm 的口子不缝，用于后面翻面。

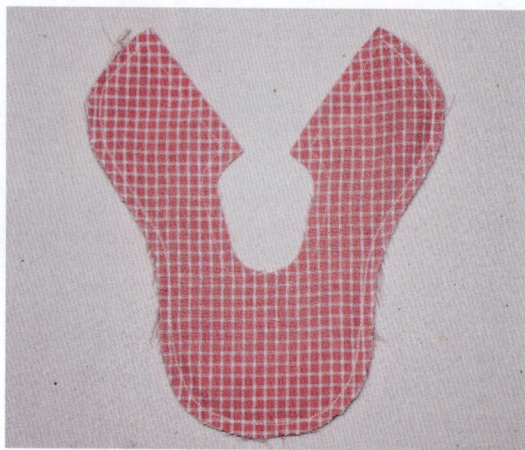

⑦ 图中为裁片缝合后的样子，注意留好开口。

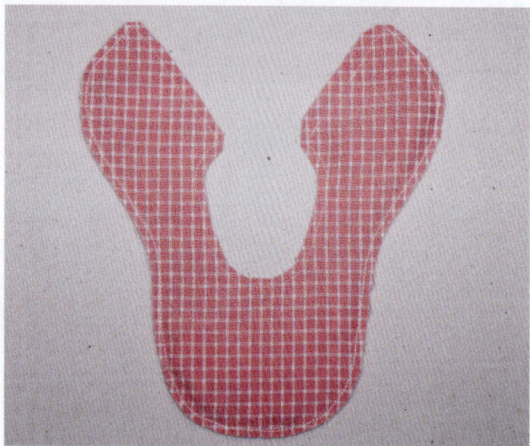

⑧ 除了留口的位置不修剪，把整个边缘缝合好的缝边都修窄至 0.2~0.3cm，并把后中开口边的直角修剪掉，注意不要剪到缝边。

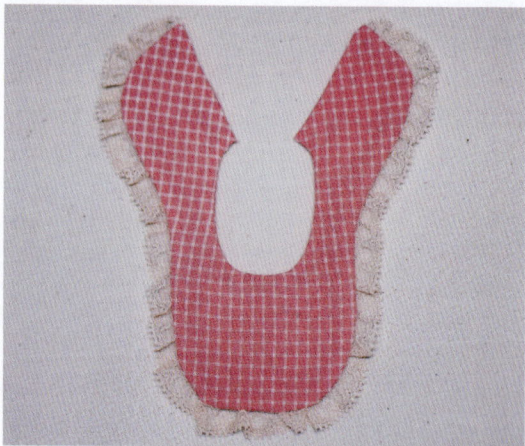

⑨ 把围兜从留口的位置翻出来，翻到正面之后整理成型，用熨斗熨烫平整。

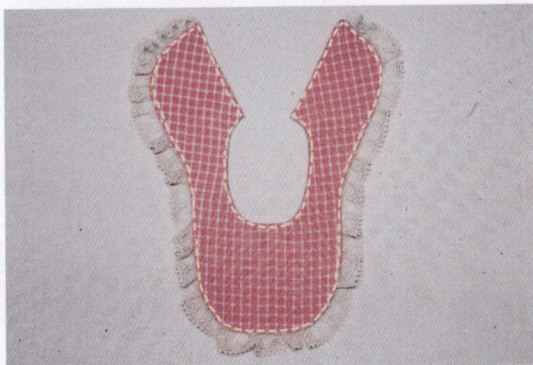

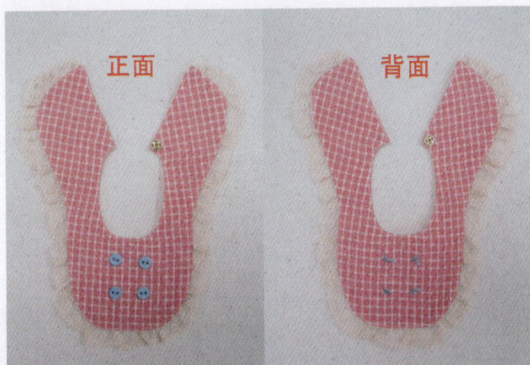

正面　　　　　　　　背面

⑩ 在围兜边缘 0.1cm 的位置沿图中虚线车缝一圈明线。

⑪ 在两边后中开口边上缝上暗扣、风纪扣之类的搭扣，注意扣子的一边缝在后中正面，另一边缝在后中背面，围兜就制作完成了。之后可以在围兜正面缝上扣子或其他装饰。

4.3 ▶▶ 半圆围兜

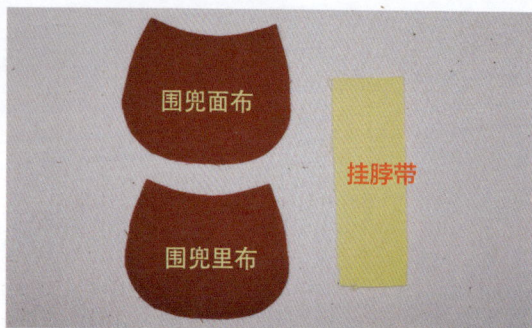

1 按照纸样裁剪好围兜的裁片：围兜裁片 2 片、挂脖带裁片 1 片。

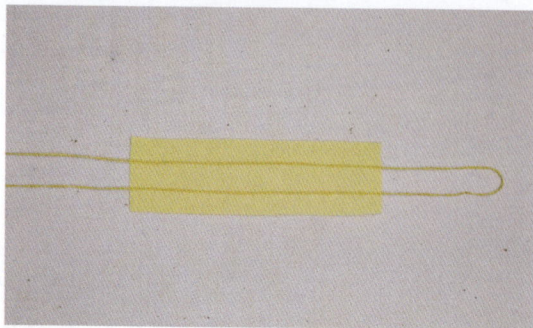

2 挂脖带正面朝上，按图示在上面放一段双折的缝纫线，线尾至少超出 3cm。如果缝纫线偏细，可以将两股线合为一股来使用。

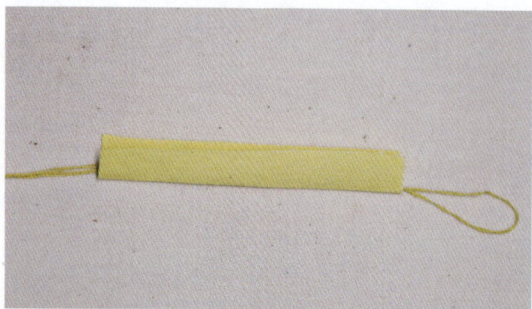

3 把挂脖带裁片对折，正面在里面、反面在外面，细线夹在中间，尽量往折边处靠。

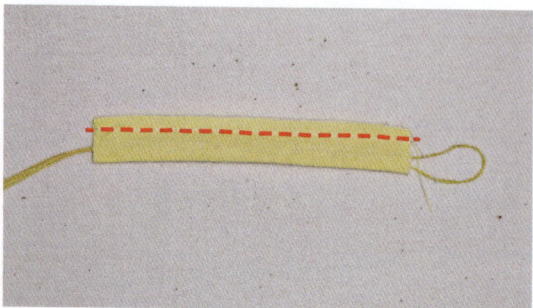

4 沿虚线缝合长边，缝边宽 0.5cm，注意不要缝到中间的细线。之后用剪刀把缝边修窄至 0.2~0.3cm。

5 把拼缝调整到中间，将缝边从中间打开并往拼缝两边折平，将整条带子压平整。

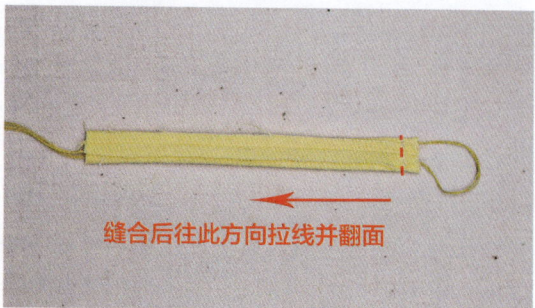

缝合后往此方向拉线并翻面

6 把带子有双折缝纫线的一端沿图示虚线缝合封口。缝好后将细线往箭头方向拉紧。

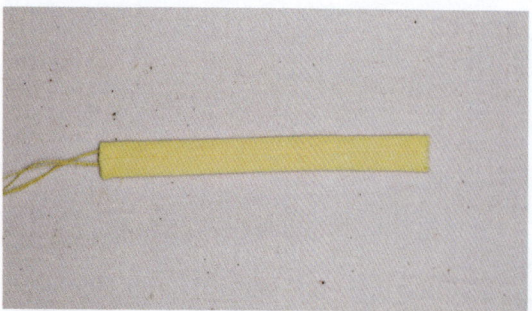

7 用镊子等工具辅助，或拉拽中间的细线，把带子从反面翻到正面。

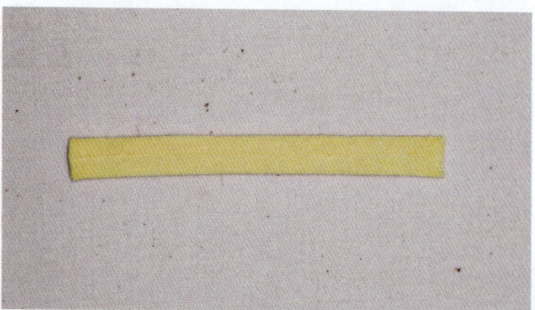

8 翻好面并熨烫平整后，把中间的细线抽掉或剪掉。

蓝色虚线：挂脖带位置示意

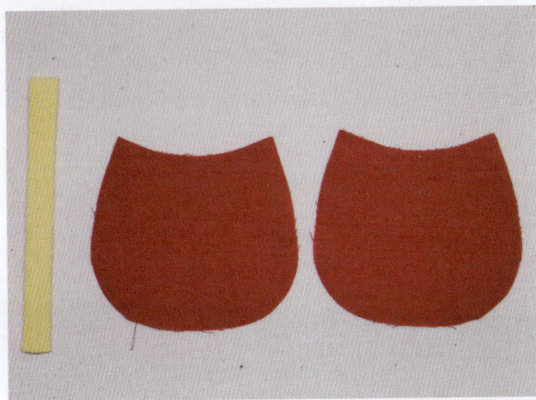

⑨ 挂脖带做好后，准备好 2 片围兜裁片，正面朝上放置。

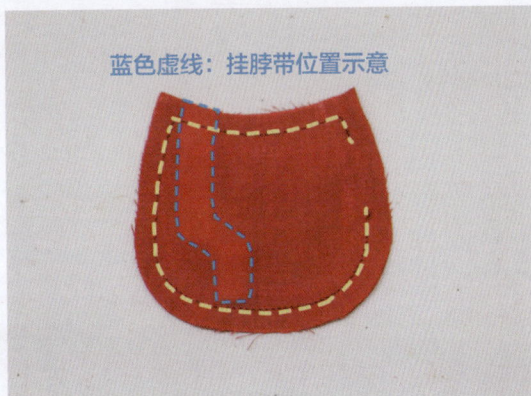

⑩ 两片围兜裁片正面对正面叠放，反面朝外，把挂脖带夹在中间，挂脖带开口端按示意图对齐围兜裁片边缘，其余部分折起塞在里面，不要露出来。沿图示黄色虚线缝合，在侧边留一个 1~1.5cm 的开口，用于后面翻面。注意车缝时不要缝到塞在中间的挂脖带。

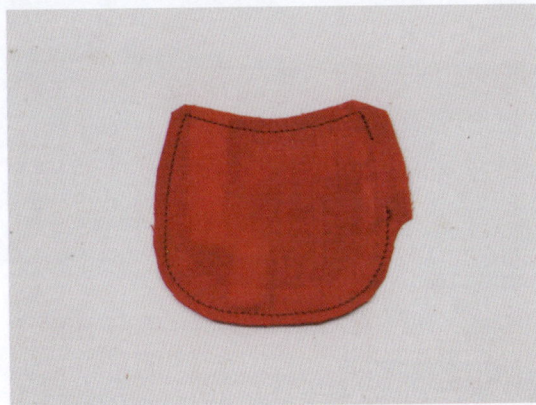

⑪ 除了预留的开口位置不修剪，把缝合好的缝边修窄至0.2~0.3cm，并把两边的直角修剪掉，注意不要剪到缝边。

⑫ 从开口的位置把围兜翻到正面，整理成型，用熨斗熨烫平整。预留的开口用暗缝针法手缝封口。

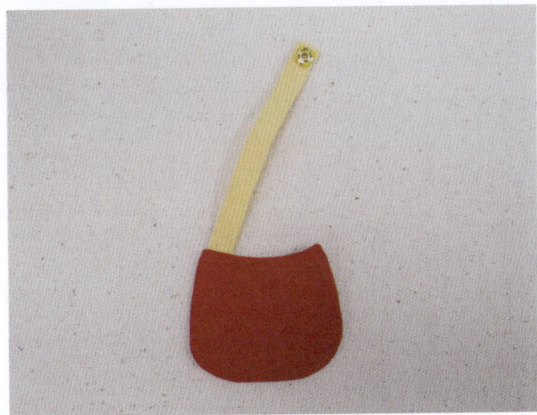

⑬ 在围兜的正面，挂脖带末端缝一颗暗扣的母扣。

⑭ 翻到围兜背面，在围兜主体靠近挂脖带一侧的位置缝上暗扣的子扣。这样围兜就做好了。

① 按照纸样裁剪好 4 片假领裁片，裁片左右对称各 2 片。按图中样式正面朝上、领子前中两两相对摆放。

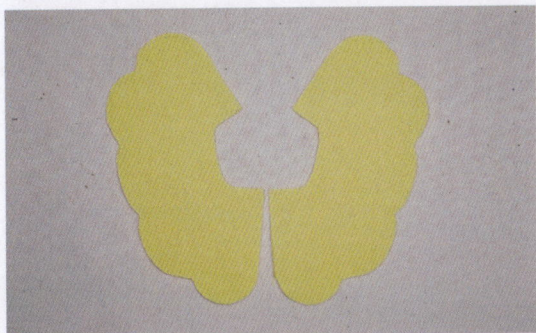

② 2 片裁片为一组做成一边的假领。

③ 将 2 片裁片正面对正面叠放对齐，反面朝外，沿着图示虚线缝合，缝边宽 0.5cm。在后中位置留一个开口不缝，用于后面翻面。

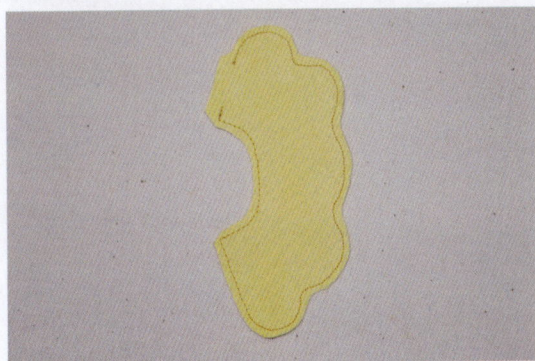

④ 除了预留开口的位置不修剪，把整个边缘缝合好的缝边都修窄至 0.2~0.3cm，并把裁片上的直角修剪掉，注意不要剪到缝边。

⑤ 把整个领子从预留的开口位置把正面翻出来，翻好后整理成型，用熨斗熨烫平整。另一边的假领按照相同的方法制作，完成后两边的领子是左右对称的。

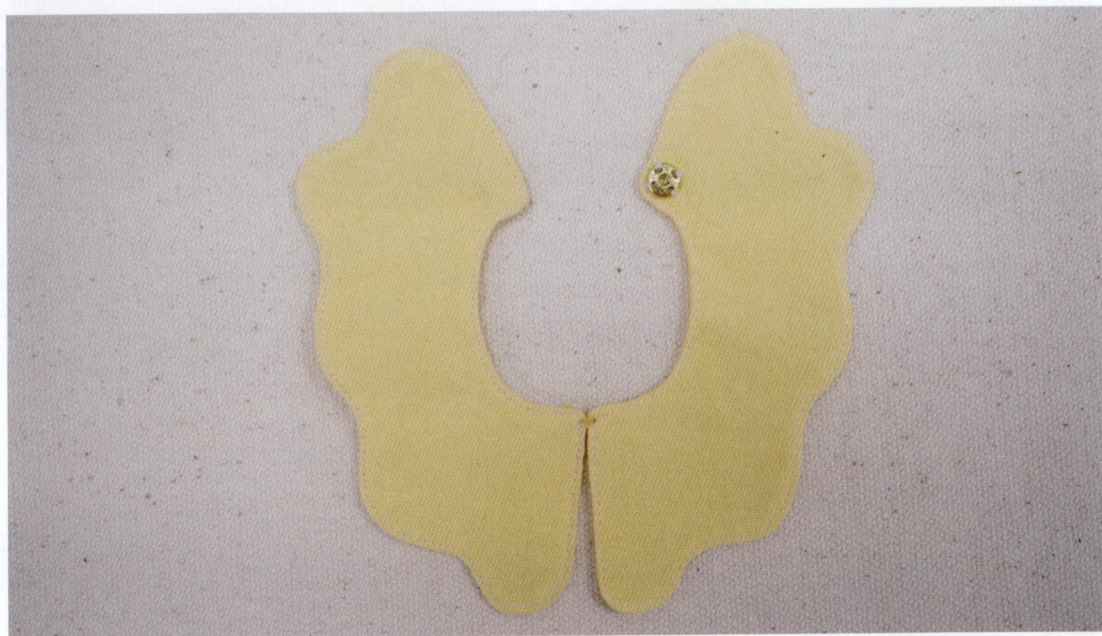

⑥ 2 片假领制作完成后，前面用手缝的方式连接起来，后面则缝上一对暗扣。注意一边暗扣缝在正面，另一边暗扣缝在背面。这样假领就制作完成了。

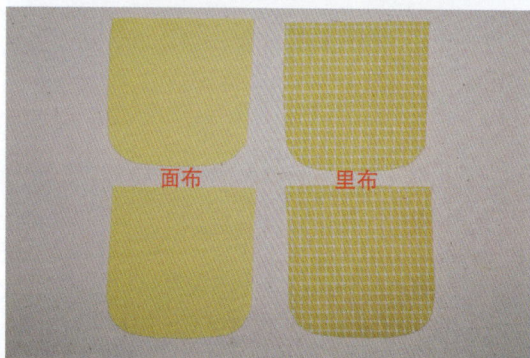

① 按照纸样大小裁剪好包包的裁片：面布2片、里布格子布2片。

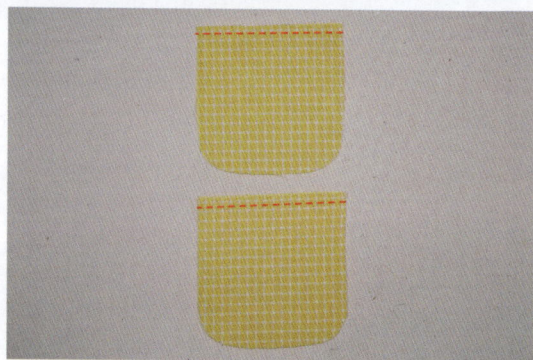

② 1片面布、1片里布为一组，把里布与面布正面相对叠放、反面朝外，沿虚线缝合袋口。按相同方法缝好两组裁片。

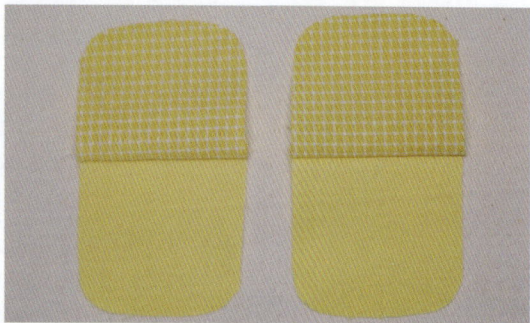

③ 袋口拼缝车好后，把面布与里布打开。

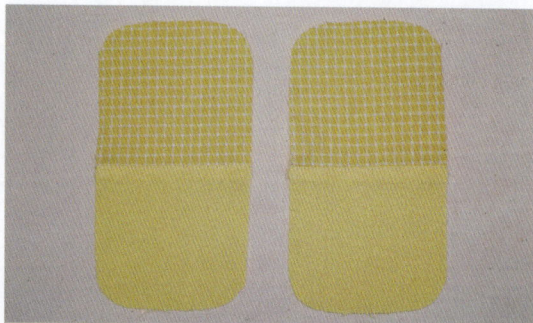

④ 正面朝上，背面的折边往下折（往面布方向折），在距离拼缝0.1cm的位置沿图示虚线车缝一条明线固定缝边。

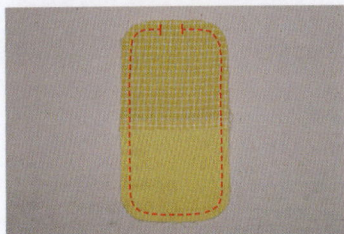

⑤ 两组裁片正面对正面叠放，反面朝外，沿着边缘一周进行缝合，在里布的弧线中间位置预留一个开口，用于后面翻面。

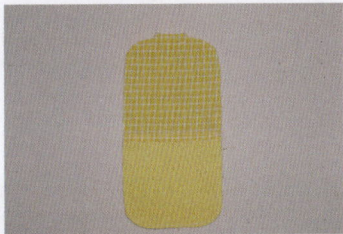

⑥ 除了预留的开口位置不修剪，把整个边缘缝合好的缝边修窄至0.2~0.3cm。

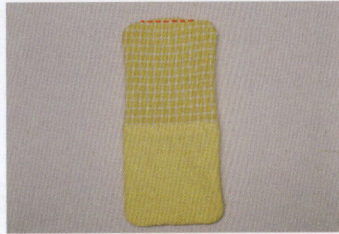

⑦ 从开口位置把包包翻到正面，整理好里布开口的内折边，并在上面距离边缘0.1cm的位置车缝固定线，封住开口。

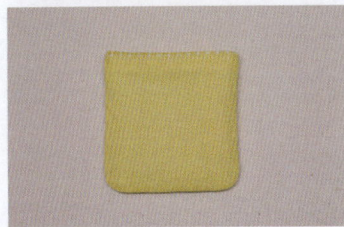

⑧ 把里布塞到包包面布里面，用熨斗熨烫平整。

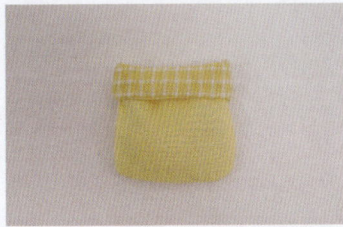

⑨ 将包包边缘往下翻折，露出一截里布。

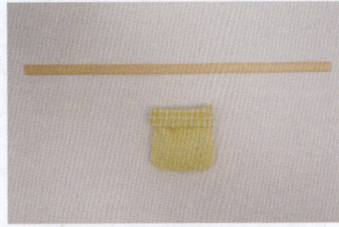

⑩ 准备一段0.7cm宽的丝带做挎包的背带。六分挎包丝带长20cm，四分挎包丝带长28cm。可以根据娃娃的实际身高自行调整长度。

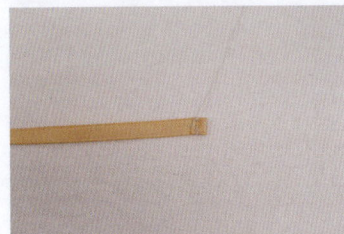

⑪ 先把丝带一端内折0.5cm，然后手缝固定。缝线后先不用打结，留着后面继续缝合。

⑫ 将挎包本体从中间打开，将两边侧缝拉平。

⑬ 将丝带已内折缝好的一端对齐挎包主体一边的内侧缝，手缝将丝带固定在挎包主体上。

⑭ 图中为挎包一侧与丝带缝合好的样子。另一侧按照相同的方法缝合丝带与挎包内侧。

⑮ 丝带两侧都固定后，折边挎包就制作完成了。

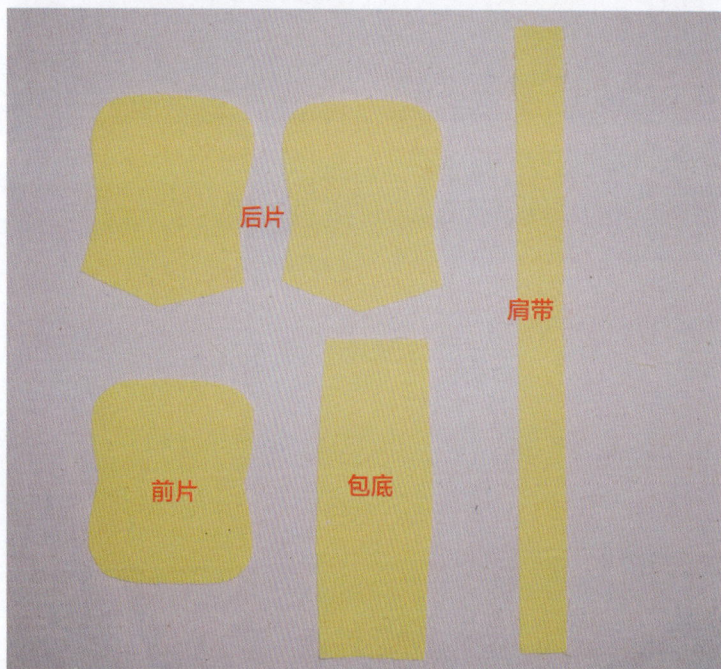

② 先处理肩带裁片，肩带裁片反面朝上，将两条长边向中线位置折，如果布料不好折，可以用熨斗熨烫。

① 按照纸样大小裁剪好挎包的裁片：挎包后片2片、挎包前片1片、包底1片、肩带1片。

③ 把肩带沿中线对折，熨烫平整。

④ 折好的肩带是两边折边藏到中间的。

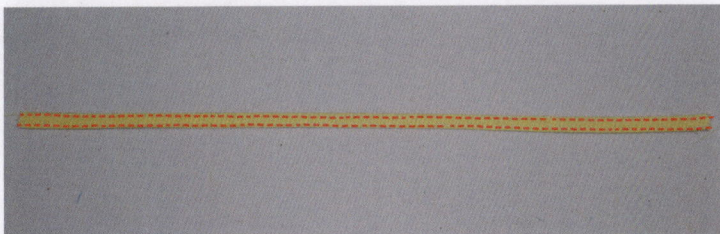

⑤ 在折好的肩带上两边距离边缘 0.1cm 的位置沿图示虚线各车缝一条固定线。

⑥ 准备好包底的裁片，反面朝上放置。

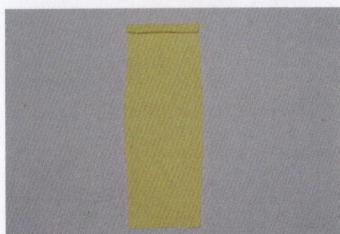

⑦ 在一条短边上往下折边 0.5cm。

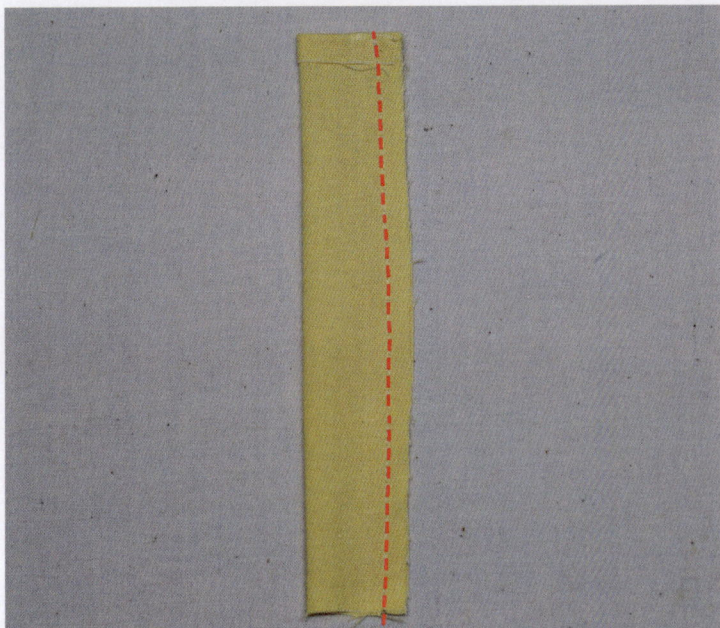

⑧ 沿长边中线对折，反面朝外、折边露在外面，缝合长边边缘。

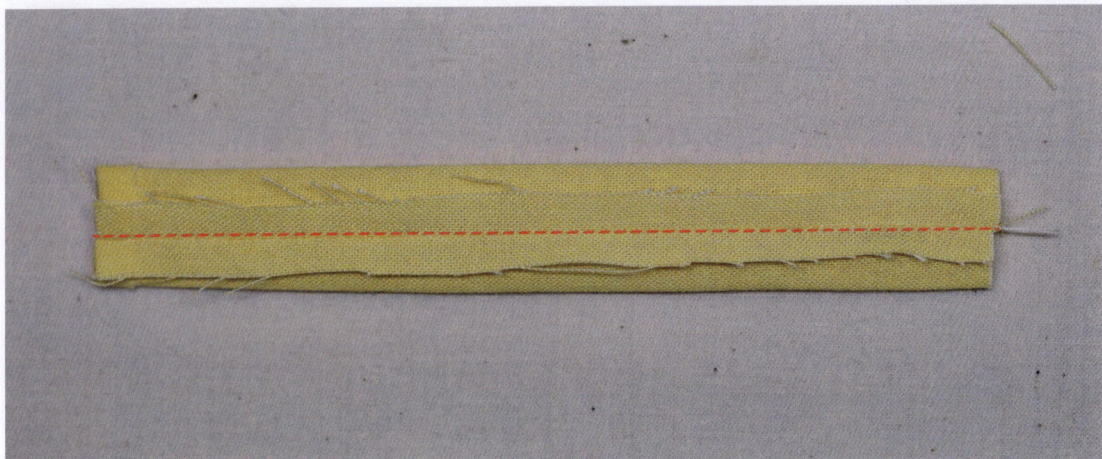

⑨ 将裁片拼缝调整到中间，将缝边从中间打开并往拼缝两边折平，将整个裁片压平，熨烫平整。

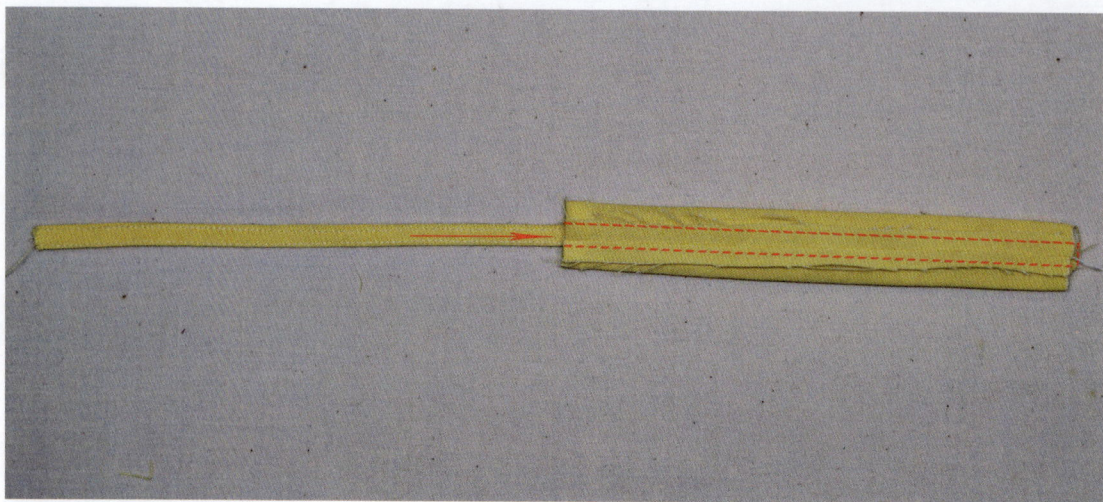

⑩ 把做好的肩带穿进包底中间的筒，肩带末端与包底裁片没有折边那一头在里面对齐。

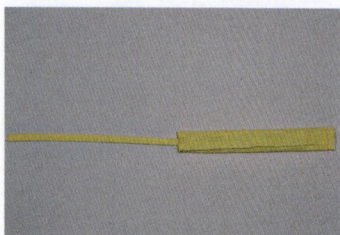

⑪ 在包底没有折边的一端缝合封口，缝合时注意里面的肩带要在居中位置，并且已经缝紧。

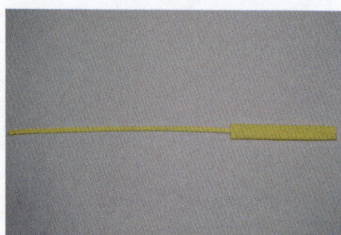

⑫ 拉住肩带，把包底从反面翻到正面。

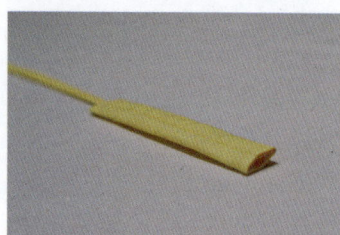

⑬ 此时包底的另一头仍是开口状态，并且带有折边。把折边往内部整理整齐。

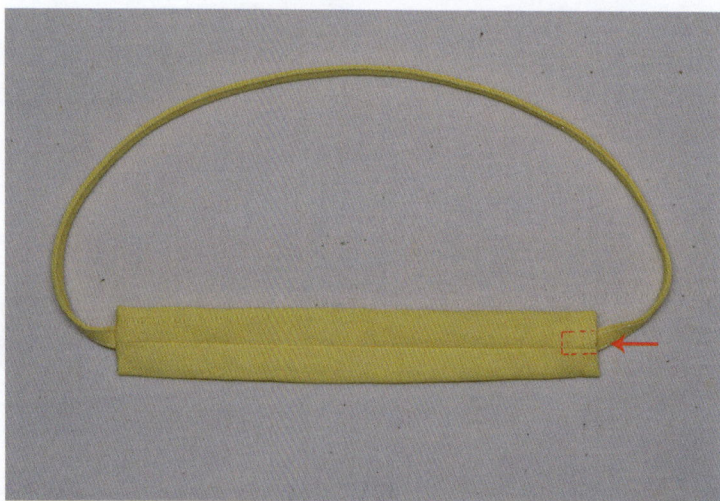

⑭ 把肩带的另一头塞进包底的开口内，塞进去 0.5cm 左右的长度，要保证肩带居中。

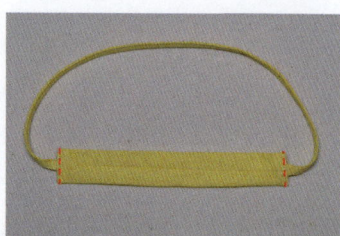

⑮ 在距离包底短边 0.1cm 的位置缝合封口，固定肩带。在另一头也车缝一条相同的固定线。

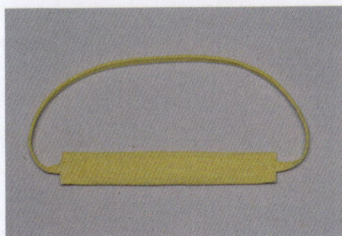

16 做好的包底与肩带接成一个闭环。

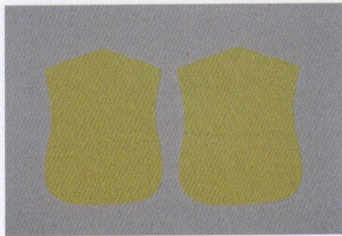

17 准备好2片挎包后片，正面朝上放好。

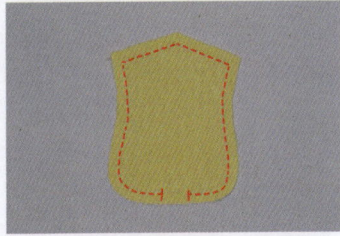

18 裁片正面对正面叠放，反面朝外，沿着边缘一周进行缝合，在底部的弧线中间位置预留一个开口，用于后面翻面。

19 除了预留的开口位置不修剪，把整个边缘缝合好的缝边修窄至0.2~0.3cm，顶部尖角剪掉。

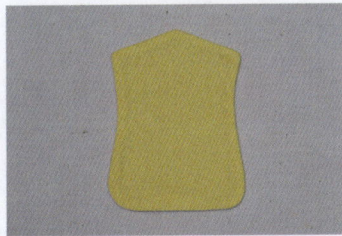

20 从预留的开口把挎包后片翻到正面，用熨斗熨烫平整备用。

21 准备好挎包前片，正面朝上放置。

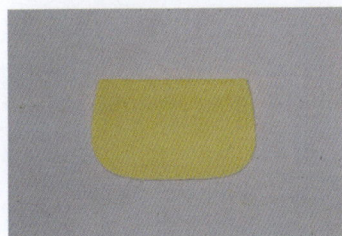

22 按图对折裁片，正面在里面，反面朝外。

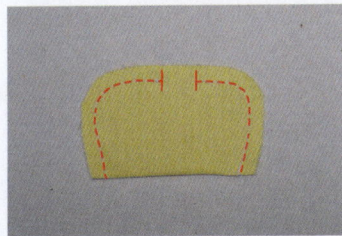

23 按图示沿着两边弧线缝合，中间位置预留一个开口，用于后面翻面。

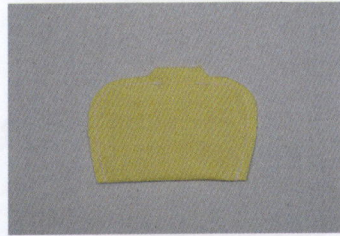

24 除了预留开口的位置不修剪，把整个边缘缝合好的缝边修窄至0.2~0.3cm，顶部尖角剪掉。

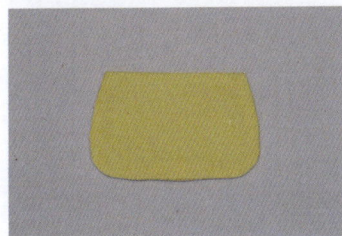

25 从预留的开口把挎包前片翻到正面，用熨斗熨烫平整备用。

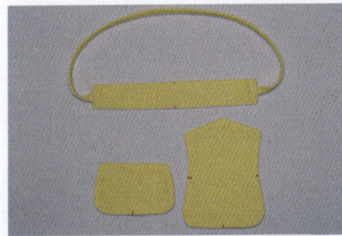

26 挎包的几个部件都做好后，用热消笔或者水消笔按照纸样在各裁片上做好标记点。

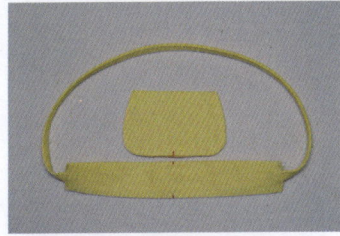

27 先拿出做好标记的袋底及挎包前片。

28 挎包前片正面朝上放置，袋底反面（带拼缝的一面）朝外，把袋底叠放到前片上面，沿着重叠的边缘进行缝合，缝边宽 0.1cm。缝合时注意裁片上的相应标记点要对齐。

29 图中为前片与包底缝合好的样子。

30 拿出挎包后片，准备缝合。

31 挎包后片反面朝上叠在包底上，三个标记点分别对应挎包两边缘以及底部中心点。

32 沿着对齐叠放的边缘进行缝合，缝边宽 0.1cm。车缝时注意裁片上的相应标记点要对齐。

33 图中为前片和后片都与包底缝合后的样子。

34 把挎包翻面，将前片和后片与包底的缝边翻到包包里面去。

35 在翻盖内侧及对应的包包前片位置缝上暗扣。

36 在翻盖外侧缝上装饰纽扣。翻盖挎包制作完成。

4.7 ▸▸ 领巾

制作领巾不需要纸样，按照教程尺寸裁剪长方形的布片即可制作。

4.7.1 领巾款一

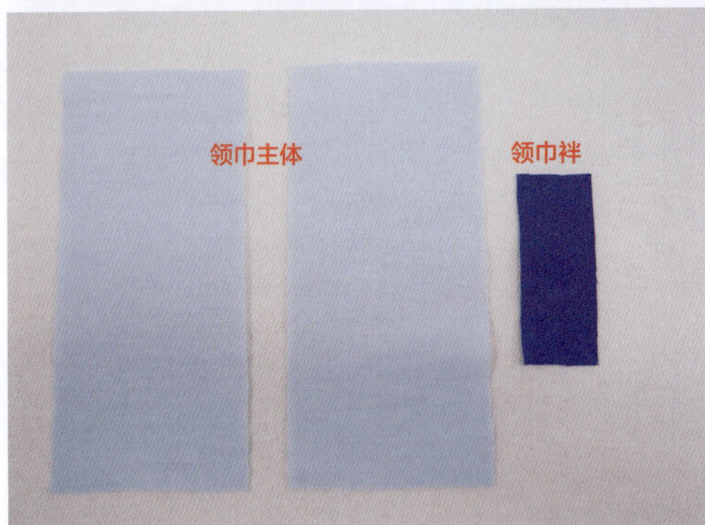

领巾主体　　　　　领巾衬

❶ 准备领巾裁片：领巾主体2片，领巾衬1片。

六分领巾裁片尺寸：领巾主体为11cm×5cm，领巾衬为5cm×2cm。

四分领巾裁片尺寸：领巾主体为12cm×5.5cm，领巾衬为5cm×2cm。

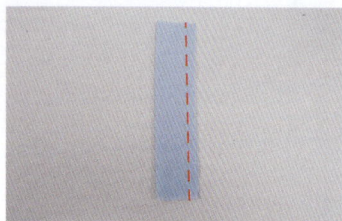

② 把领巾主体沿长边中线对折，反面朝外，折边露在外面，缝合长边边缘。

③ 图中为缝合后的样子。

④ 将拼缝调整到中间，将缝边从中间打开并往拼缝两边折平，将整条领巾压平整。

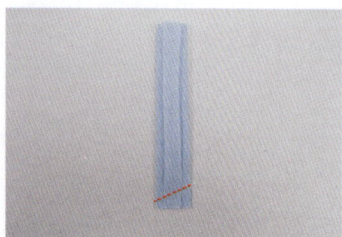

⑤ 按虚线所示，在领巾的一端以斜边缝线固定。

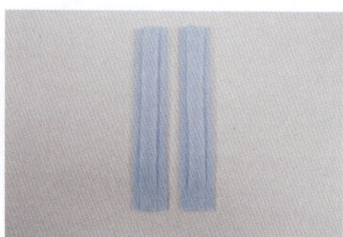

⑥ 按照相同的方法处理两条领巾主体。末端的斜线缝线是左右对称的。

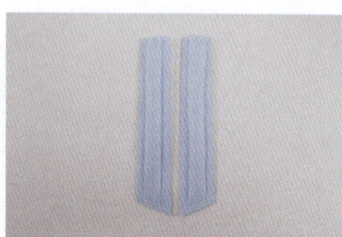

⑦ 修剪尾部的缝份，剪完后缝边宽0.2~0.3cm。

⑧ 用直头镊子或类似的长形工具，抵住领巾已封口的一端，往开口的一端戳，将领巾翻面。

⑨ 把两条领巾主体都翻好面，并整理好形状。

⑩ 打开领巾开口的一端，将布边往内翻折 0.5cm。

未折　折好

⑪ 图中右侧为内折完的样子。按照相同的方法内折好两边领巾的开口。

⑫ 将领巾袢沿长边中线对折，沿虚线缝合固定，缝边宽 0.3cm。

⑬ 图中为缝合后的样子。

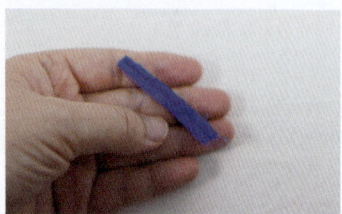

⑭ 将拼缝移到中间，再将缝边从中间打开往两边折平整。

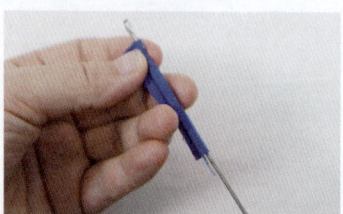

⑮ 用翻布器穿过中间的孔道，把领巾袢翻过来。

⑯ 图中为翻好后的领巾袢，缝边翻到了里面。

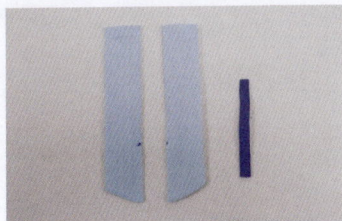

⑰ 在领巾主体上画上领巾衪的定位点,定位点距离末尾的尖角约3.5cm。

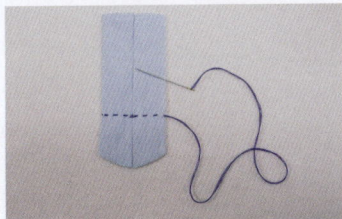

⑱ 参照定位点,按图中的方式在领巾主体上手缝一条线,将两条领巾连接起来。

⑲ 将上一步的手缝线拉紧,让两条领巾起皱。

⑳ 缝线绕两条领巾两圈后,在背面穿过线环并拉紧。

㉑ 拿出领巾衪,绕过领巾一圈,将长出来的部分修剪掉。

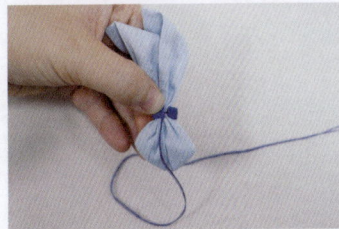

㉒ 领巾衪的接口往内折0.3cm,把两头叠好,不要外露毛边。

㉓ 在背面把领巾衪的接口缝合。

㉔ 手缝线打结并剪掉线头,在正面整理好领巾形状。

㉕ 用暗缝法缝合领巾上面的开口,缝完后拉紧线,让领巾起皱。

㉖ 将领巾末端对齐水手服的肩缝,用手缝的方式将领巾与衣服缝合。

㉗ 领巾两端用同样的方法,先暗缝抽皱,再对齐肩缝缝到水手服上。

㉘ 图中为领巾制作完成并缝好到水手服上的样子。

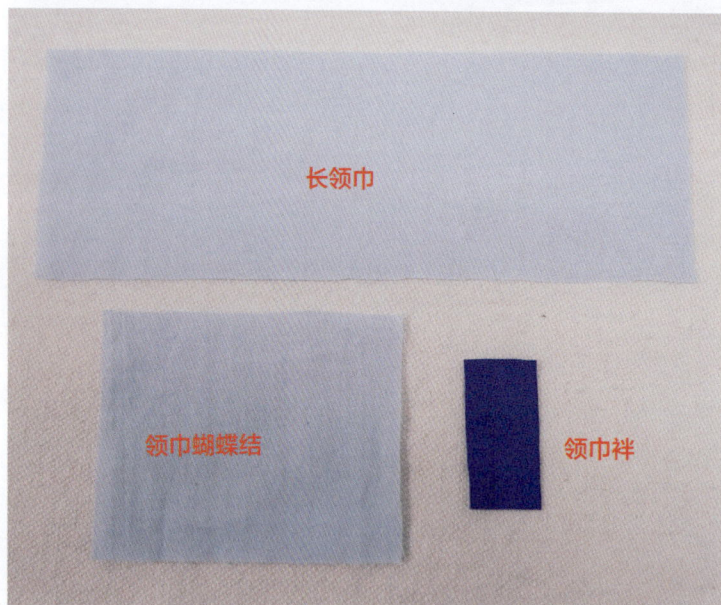

长领巾

领巾蝴蝶结

领巾祥

❶ 准备裁片：长领巾 1 片，领巾蝴蝶结 1 片，领巾祥 1 片。
六分领巾裁片尺寸：长领巾为 12.5cm×5cm，领巾蝴蝶结为 6.5cm×5cm，
领巾祥为 3cm×1.5cm。
四分领巾裁片尺寸：长领巾为 14.5cm×5.5cm，领巾蝴蝶结为 7cm×5cm，
领巾祥为 4cm×1.5cm。

❷ 长领巾裁片反面朝上，两端各向
内折 0.5cm。

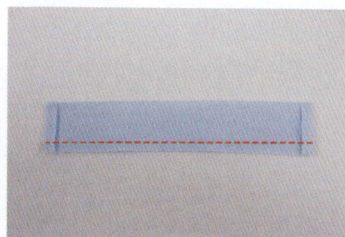

❸ 沿长边对折，让两端的折边露在
外面。沿虚线缝合固定。

④ 图中为缝合好的样子。

⑤ 将长领巾翻面，把拼缝折到中间，并且压平整。长领巾部分车缝完成，留待备用。

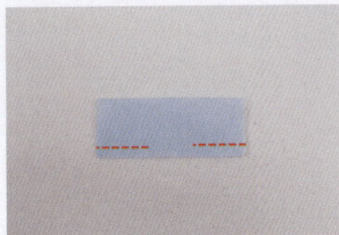

⑥ 领巾蝴蝶结沿长边中线对折，沿虚线缝合固定。注意中间留一个长约1cm 的口子不缝。

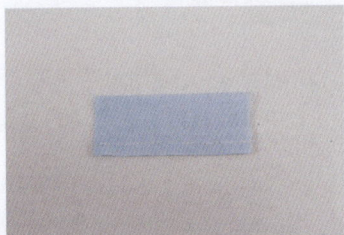

⑦ 图中为按上一步中虚线标示缝合好的样子。

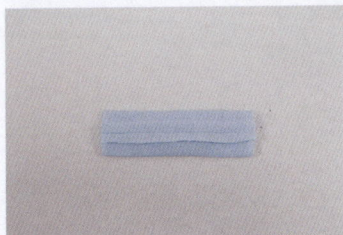

⑧ 将拼缝移到中间，缝边往两边折，并压平整。

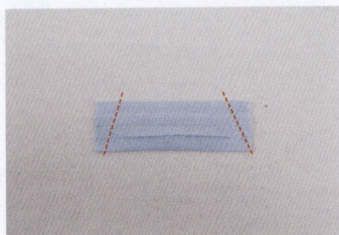

⑨ 沿虚线标示，用斜边缝线缝合两端，注意两边的倾斜角度要对称。

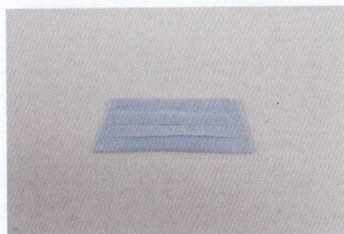

⑩ 将两端的缝份修剪至0.2cm 左右。

⑪ 用直头镊子夹住一边的尖角往内部戳，从中间的开口戳出。

⑫ 另一端也按照同样的方式戳，把整个蝴蝶结翻面。

⑬ 图中为翻面后的样子。缝边全部都翻到内部了。

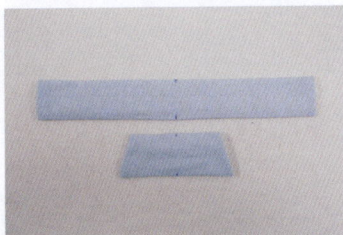

⑭ 做好的长领巾与蝴蝶结中点对齐，画上标记点。

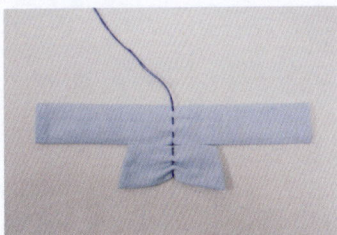

⑮ 按照图中所示手缝一条线，把两个部件连接起来。

16 拉紧缝线，让领巾起皱。

17 将线绕两圈，在背面穿过线圈并拉紧。线先不剪断，留着备用。

18 把领巾衬沿虚线三等分往内折。

19 图中为折好的样子。

20 折好的领巾衬绕领巾主体一圈，接口放到背面。一端往内折 0.5cm。

21 领巾衬内折的一端盖住没有折的另一端，用之前固定领巾主体的线缝合领巾衬接口。

22 领巾基本成型。

23 用藏针法缝合领巾上端的开口，并且把线拉紧，使其抽皱。

24 将领巾末端对齐水手服的肩缝，用手缝的方式将领巾与衣服缝合。

25 领巾两端用同样的方式，先暗缝抽皱，再对齐肩缝缝到水手服上。

26 图中为领巾制作完成并缝到水手服上的样子。

170

制作蝴蝶结不需要纸样，按照教程尺寸裁剪长方形的布片即可制作。

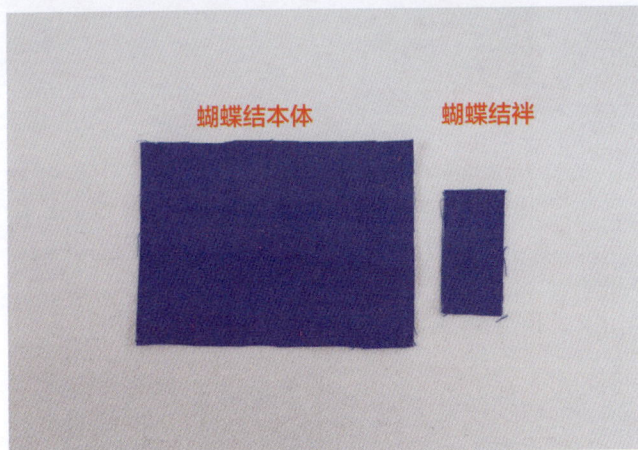

蝴蝶结本体　　蝴蝶结袢

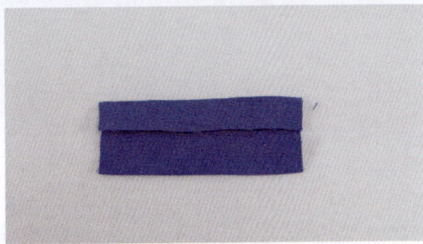

2 将蝴蝶结本体的两条长边按图中方式往中间内折。

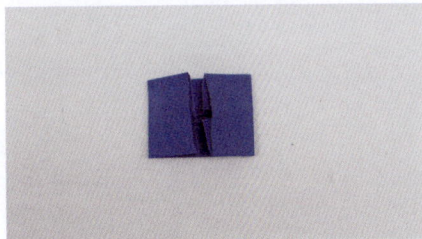

1 准备蝴蝶结的裁片：蝴蝶结本体1片，蝴蝶结袢1片。

六分蝴蝶结裁片尺寸：蝴蝶结本体6.5cm×5cm，蝴蝶结袢3cm×1.5cm。

四分蝴蝶结裁片尺寸：蝴蝶结本体7.5cm×5.5cm，蝴蝶结袢5cm×1.5cm。

3 在上一步的基础上再将两边往中间内折。

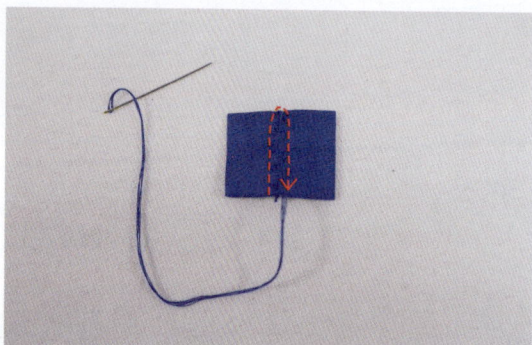

④ 按照箭头标示的方向，用一条线手缝固定蝴蝶结本体的折边。

⑤ 缝好后拉紧缝线，让蝴蝶结抽皱。缝线不要剪断，后面步骤中会继续使用。

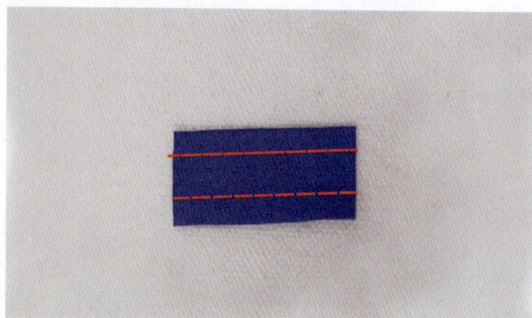

⑥ 将蝴蝶结袢沿虚线三等分并往内折。

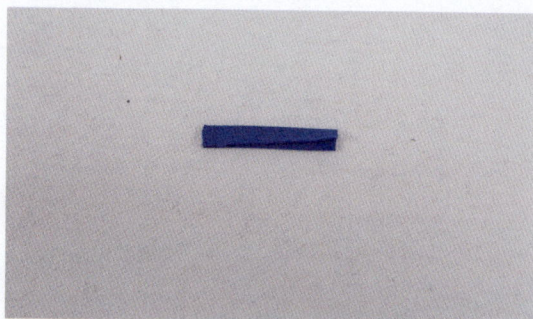

⑦ 图中为折好的样子。

⑧ 将蝴蝶结袢绕蝴蝶结本体一圈。

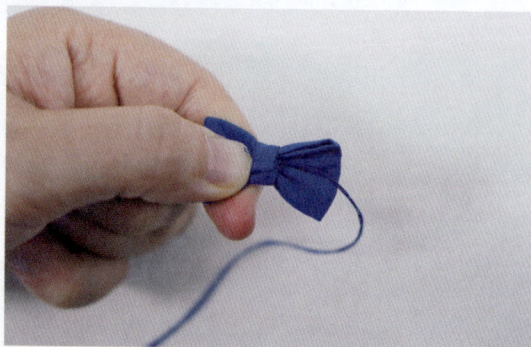

⑨ 蝴蝶结袢的一头接口往内折，盖住另一头，然后用之前固定蝴蝶结本体的缝线继续缝合蝴蝶结袢的接口。

⑩ 图中为在背面缝合蝴蝶结袢的样子。

⑪ 蝴蝶结制作完成，之后可以缝在娃衣上。

制作口袋不需要纸样，按照教程尺寸裁剪长方形的布片即可制作。

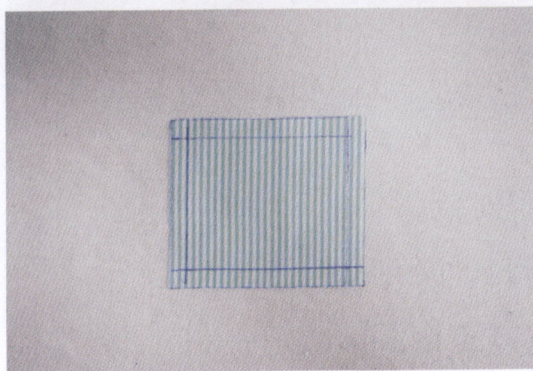

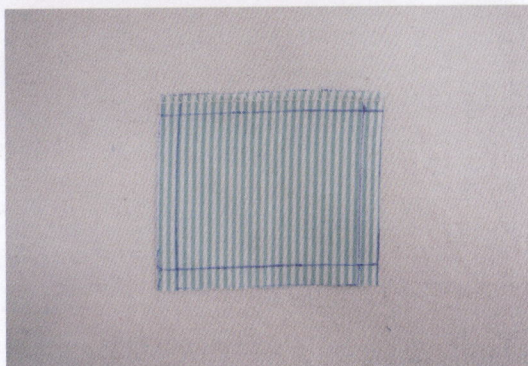

① 准备口袋裁片。按照图中方式，在距离各边缘 0.5cm 的位置画上四条标记线。

六分口袋裁片尺寸：6.5cm×5.5cm。

四分口袋裁片尺寸：4.5cm×3.5cm。

② 给口袋裁片的上边缘锁边。

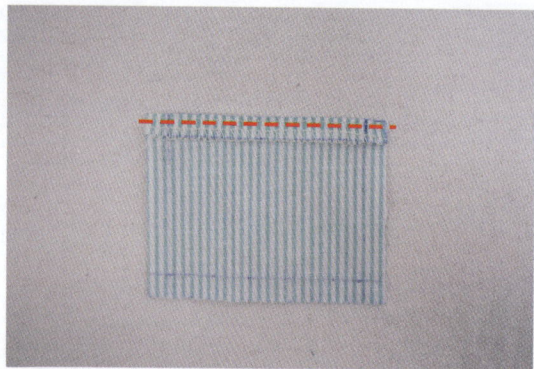

3 裁片反面朝上，已锁边的上边缘沿着第 1 步中的标记线往下折，并沿图示虚线缝合固定。

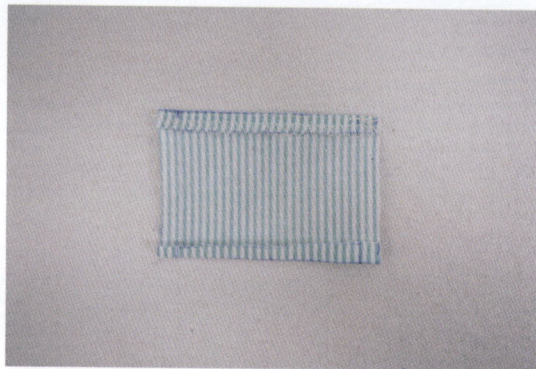

4 图中为缝好的上边缘。下边缘也按第 1 步中画好的标记线往上折边。

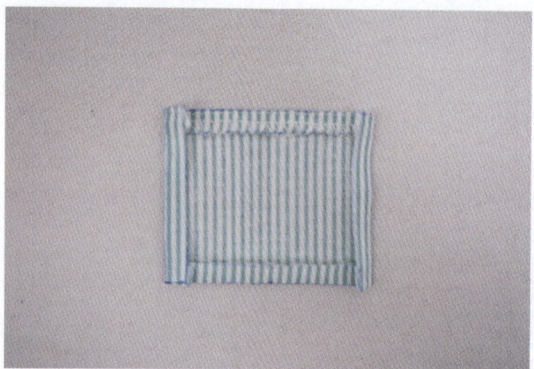

5 左右边缘沿标记线往内折。所有边折好后，如果布边弹起，可以用熨斗烫平整。

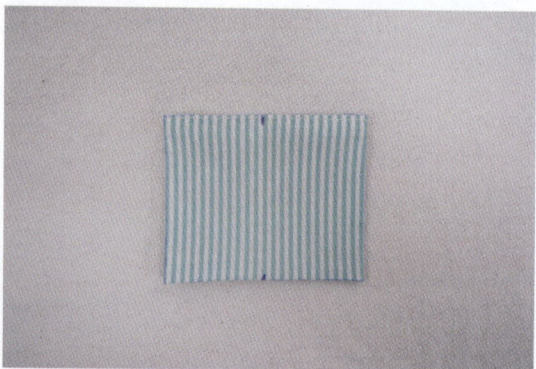

6 将口袋裁片翻到正面，在上下的中点处画上标记，方便后面的车缝定位。

7 沿着红色虚线将口袋缝在衣服上。起始和结束位置需要倒回针 2~3 针，加固袋口，防止散线。
口袋也可以缝到娃衣的其他位置。在制作过程中，先在裁片上缝上口袋，再完成娃衣缝合步骤，车缝会更加方便。

少女鱼工作室（胖鱼体）、Guard Love（四分圆润体）

Rosenlied（六分）少女鱼工作室（胖鱼体）

Puyoodoll（四分熊妹、六分宝宝熊）

Rosenlied（四分巨嬰）、Puyoodoll（四分熊妹）

DollVillage（六分）、Rosenlied（六分）

Puyoodoll（四分熊妹，六分玉宝熊）

Comibaby（四分巨婴）、Puyoodoll（四分熊妹）、Rosenlied（四分巨婴）

Qbaby（特殊小六分）

Puyoodoll（六分宝宝熊）

Guard Love 小烛（四分圆润体）、少女鱼工作室－嗒嗒（胖鱼体）、Rosenlied 六分 Bambi、Puyoodoll Kumako（熊妹）Lala、Petit Soiree 巨婴 Fondue、A DollVillage 六分 Lola（+Guard Love 六分体）

Rosenlied 六分 Bambi、Puyoodoll Baby Kumako（宝宝熊）Lala